中国社会科学院创新工程学术出版资助项目

居安思危·世界社会主义小丛书

抽象的人性论剖析

有林 等◎著

社会科学文献出版社
SOCAL SCIENCES ACADEMIC PRESS (CHINA)

居安思危·世界社会主义小丛书
编 委 会

"居安思危·世界社会主义小丛书"总序（修订稿）

中国社会科学院原副院长

世界社会主义研究中心主任、研究员

李慎明

"居安思危·世界社会主义小丛书"既是中国社会科学院世界社会主义研究中心奉献给广大读者的一套普及科学社会主义常识的理论读物，又是我们集中院内外相关专家学者长期研究、精心写作的严肃的理论著作。

为适应快节奏的现代生活，每册书的字数一般限定在 4 万字左右。这有助于读者在工作之余或旅行途中一次看完。从 2012 年 7 月开始的三五年内，这套小丛书争取能推出 100 册左右。

这是一套"小"丛书，但涉及的却是重大的理论、重大的题材和重大的问题。主要介绍科学社会主义基本理论及重要观点的创新，国际共产主义运动中重大历史事件和重要领袖人物(其中包括反面角色)，各主要国家共产党当今理论实践及发展趋势等，兼以回答人们心头常常涌现的相关疑难问题。并以反映国外当今社会主义理论与实践为主，兼及我国的革命、建设和改革开放事业。

从一定意义上讲，理论普及读物更难撰写。围绕科学社会主义特别是世界社会主义一系列重大理论和现实问题，在极有限的篇幅内把立论、论据和论证过程等用通俗、清新、生动的语言把事物本质与规律讲清楚，做到吸引人、说服人，实非易事。这对专业的理论工作者无疑是挑战。我们愿意为此作出努力。

以美国为首的西方世界的国际金融危机，本质上是经济、制度和价值观的危机，是推迟多年推迟多次不得不爆发的危机，这场危机远未见底且在深化，绝不是三五年就能轻易走出去的。凭栏静听潇潇雨，世界人民有所思。这场危机推动着世界各国、各界特别是发达国家和广大发展中国家的普通民众开始进一步深入思考。可以说，又一轮人类思想大解放的春风已经起于青蘋之末。然而，春天到来往往还会有"倒春寒"；在特定的条件下，人类社会也有可能还会遇到新的更大的灾难，世界社会主义还有可能步入新的更大的低谷。但我们坚信，大江日夜逝，毕竟东流去，世界社会主义在本世纪中叶前后，极有可能又是一个无比灿烂的春天。我们这套小丛书，愿做这一春天的报春鸟。

现在，各出版发行企业都在市场经济中弄潮，出版社不赚钱决不能生存。但我希望我们这套小丛书每册定价不要太高，比如说每本 10 元是否可行？相关方面在获取应得的适当利润后，让普通民众买得起、读得起才好。买的人多了，薄利多销，利润也就多了。这是常识，但有时常识也需要常唠叨。

敬希各界对这套丛书进行批评指导，同时也真诚期待有关专家学者和从事实际工作的各级领导及各方面的人士为我们积极撰稿、投稿。我们选取稿件的标准，就是符合本丛书要求的题材、质量、风格及字数。

2013 年 3 月 18 日

目录 | Contents

1

一 抽象的人性论是各种反马克思主义思潮的世界观根源

改革开放以来,我国意识形态领域出现了各种各样的反马克思主义思潮。往往是一股思潮出来,热闹了一阵子,分清了是非,逐渐消停了,另一股思潮又登上了舞台,把人们的思想搞糊涂了。新自由主义、民主社会主义、历史虚无主义、"普世价值"、宪政民主、公民社会轮番登场,搞得意识形态领域纷纷扬扬。

事情经历多了,就慢慢看出点规律性来。各种反马克思主义思潮尽管说的是不同领域的事情(例如新自由主义主要说的是经济领域的事,民主社会主义、宪政民主、公民社会主要说的是政治领域的事,"普世价值"主要说的是价值观领域的事,历史虚无主义主要说的是历史领域的事),因而具体内容不大一样,用词也不尽相同,但从根本上说,又是没有多大的区别。它们不仅所追求的政治目的是一样的,最终都是要颠覆中国特色社会主义制度,照搬西方的制度,走资本主义道路,而且世界观也是相同的。各种反马克思主义思潮都是历史唯心主义，它们都是从抽象的人性论出发来阐述各种社会经济问题的。它们都是把资本主义生产关系基础上产生的各种观念、思想（例如民主、自由、平等、博爱等），看作是普世的、永恒的，是"上帝赋予"的，是"天赋人权"，看作是人的本性，或者是人的"类本质"，适用于一切社会，也适用于任何人，然后要求按照这些观念、思想来改造我们的社会主义制度。在他们那里，不是社会经济关系决定观念、思想，而是先有了一定的观念、思想（这些学者从来不解释这些观念、思想是从哪儿来的，仿佛是天生的，无须解释来路，这倒有点像黑格尔的"绝对精神"），一切社会经济关系应该是根据这些观念、思想来决定和安排，换句话说，是他们所赞同的观念、思想的外化。符合这些观念、思想的，就是对的；不符合，就是错的，就要改掉。历史的真实面貌是社会存在决定社会意识、经济基础决定上层建筑，但在他们那里，一切都是头足倒置的，仿佛是思想、观念决定社会经济关系。

所以，改革开放以来各种反马克思主义思潮实质上是一种思潮，它们都是资产阶级自由化思潮在不同领域、不同时期的表现。

由于抽象的人性论是各种反马克思主义思潮的世界观及其历史观的根源,因此,剖析抽象的人性论,分清理论是非,是马克思主义者的一项重要任务。

二　世界上没有抽象的人性,人性总是具体的

要批判抽象的人性论,首先要从理论上回答:什么叫人性,世界上有没有抽象的、全人类共同的人性?

人性是指人区别于其他动物的基本特性,也就是人的本质。对"人性",有各种各样的解释。马克思批判了费尔巴哈关于人的本质的思想,指出:"人的本质不是单个人所固有的抽象物,在其现实性上,它是一切社会关系的总和。"[①]按照历史唯物主义的观点,人与其他动物相区别的地方就在于,人是从事物质生产的动物,而要进行物质生产,人们必须结成一定的社会关系。像鲁滨孙那样孤立的、不同其他人发生关系的个人,只存在于传奇小说中,在现实生活中,是不可能有的(即使在传奇小说中,鲁滨孙也没有完全摆脱社会性,例如带去的工具是社会制造的,最后还要有个礼拜五来帮忙)。离开了社会,就只会有动物,而不会有人。因此,人的本性、本质,不能到单

①　《马克思恩格斯选集》第一卷,人民出版社,1995,第60页。

4

个人的思想、精神领域中去寻找,必须到社会关系中去寻找。

1943年毛泽东同刘少奇讨论过这个问题。毛泽东说:人同其他动物最基本区别是人的社会性,人是制造工具的动物,人是从事社会生产的动物,人是阶级斗争的动物(一定历史时期)。一句话,人是社会的动物,不是有无思想。一切动物都有精神现象,高等动物有感情、记忆,还有推理能力,人不过有高级精神现象,故不是最基本特征。

有人把人的动物本能(例如饮食男女等)也当作人的特性,称之为人性。毛泽东批评说:当作人的特点、特性、特征,只是一个人的社会性——人是社会的动物,自然性、动物性等等不是人的特性。人是动物,不是植物、矿物,这是无疑的、无问题的。人是什么一种动物,这就成为问题,几十万年直至资产阶级的费尔巴哈还解答得不正确,只待马克思才正确地答复了这个问题。即说人,它只有一种基本特性——社会性,不应说它有两种基本特性:一是动物性,一是社会性,这样说就不好了,就是二元论,实际就是唯心论。

5

人从上辈遗传得到许多东西，这些东西好像同社会关系无关，有人以此为由，否定人的基本特性是社会性。毛泽东回答了这个问题，他说："自从人脱离猴子那一天起，一切都是社会的，体质、聪明、本能一概是社会的。""拿体质说，现在人的脑、手、五官，完全是在几十万年的劳动中改造过来了，带上社会性了。""人的五官、百体、聪明、能力本于遗传，人们往往把这叫作先天，以便与出生后的社会熏陶相区别。但人的一切遗传都是社会的，是在几十万年社会生产的结果，不指明这点就要堕入唯心论。"①

毛泽东在这里翻来覆去强调的是一句话：人的本性、本质是社会性，不能离开社会关系去寻找人的本性、本质。这是我们在人性问题上要牢牢把握的基本观点。

在现实社会生活中，每个人在社会关系中所处的地位是不一样的。在阶级社会里，人分属于不同的阶级，而不同阶级的社会地位显然不同，甚至是对立的。这就决定了不可能有统一的人性，即全人类共同的人性。也就

---

① 《毛泽东文集》第三卷，人民出版社，1996，第83页。

是说,人的本性是不一样的,世界上没有一个适用于所有人的人性。毛泽东在延安文艺座谈会上的讲话专门谈过这个问题。他针对一些知识分子提出的文艺应该描写人性的思想,特地指出:"有没有人性这种东西?当然有的。但是只有具体的人性,没有抽象的人性。在阶级社会里就是只有带着阶级性的人性,而没有什么超阶级的人性。我们主张无产阶级的人性,人民大众的人性,而地主阶级资产阶级则主张地主阶级资产阶级的人性,不过他们口头上不这样说,却说成为唯一的人性。有些小资产阶级知识分子所鼓吹的人性,也是脱离人民大众或者反对人民大众的,他们的所谓人性实质上不过是资产阶级的个人主义,因此在他们眼中,无产阶级的人性就不合于人性。现在延安有些人们所主张的作为所谓文艺理论基础的'人性论',就是这样讲,这是完全错误的。"[①]他还举"爱"作为例子来说明。他说:"爱是观念的东西,是客观实践的产物。""世上决没有无缘无故的爱,也没有无缘无故的恨。至于所谓'人类之爱',自从人类分化成为阶级

---

① 《毛泽东选集》第三卷,人民出版社,1991,第870页。

以后,就没有过这种统一的爱。过去的一切统治阶级喜欢提倡这个东西,许多所谓圣人贤人也喜欢提倡这个东西,但是无论谁都没有真正实行过,因为它在阶级社会里是不可能实行的。""我们不能爱敌人,不能爱社会的丑恶现象,我们的目的是消灭这些东西。"①

我认为,毛泽东把这个问题说得很清楚了。在讨论人的本性问题时,应该以此作为分析问题的基本依据、判断是非的基本准绳。

既然世界上并没有全人类共同的、统一的人性,在阶级社会里能够存在的只有阶级性,为什么总有那么一些人喜欢宣传抽象的人性论呢?老实说,抽象的人性论是资产阶级手中的一种斗争工具。在反封建的斗争中,资产阶级用"人性"来反对"神性",这曾经起过积极作用;但一旦资产阶级成为统治阶级,为了巩固自己的统治,他们把资产阶级人性说成是全人类共同的人性,用抽象人性论来反对或模糊工人阶级的阶级性;而当世界上出现社会主义国家以后,抽象的人性论又成为他们反对社会主

---

① 《毛泽东选集》第三卷,人民出版社,1991,第870、871 页。

义、对社会主义国家进行思想渗透、推行和平演变战略的工具。我国改革开放以来出现的种种反马克思主义思潮，无一例外都以抽象的人性论为理论依据，从本质上讲，其道理就在于此。

粗略算来，资产阶级的抽象的人性论已经有 500 年左右的历史了。资产阶级学者在长期的宣传中把抽象的人性论披上了许多华丽动人的外衣，做了许多"论证"，越来越精致化，缺乏理论修养的人往往容易被忽悠了。这就使得同抽象的人性论做斗争、分清理论是非，具有一定的难度，同时也显得更为重要了。

三　从抽象的人性出发研究社会经济问题是一种历史性的倒退

作为一种社会历史观的抽象的人性论,就是从抽象的、全人类共同的人性出发来研究和阐述社会经济问题。

从历史的渊源来说,抽象的人性论的最初形式是14世纪开始的欧洲文艺复兴时期的人文主义。针对中世纪神学以神为中心,贬低人的地位,蔑视世俗生活,提倡禁欲主义等观点,作为新兴资产阶级思想代表的人文主义者提出了以人为中心的思想。他们要求尊重"人性"、人的"尊严"、人的"自由意志"。人文主义坚决反对作为封建制度精神支柱的中世纪神学,在历史上曾经起过巨大的进步作用。在十七、十八世纪资产阶级革命中,人道主义成为资产阶级启蒙思想家反对封建专制和等级制度的一面旗帜。"天赋人权"和"自由、平等、博爱"等口号,在法国资产阶级大革命进程中起了重要的作用,并产生了深远的影响。文艺复兴时期的人文主义,资产阶级革命时期的人道主义,尽管都有重大的进步意义,但是作为社会历史观来说,都是唯心主义的。他们认为,历史发展和社会进步的动力,在于人类的善良天性或者人类的理性。启蒙思想家主张以理性作为审判台,一切都拿到理性面前接受审判,认为只要诉诸理性,人类的一切"迷误"都能克服。但这个"理性"是什么东西,它是从哪儿来的,他们就不愿意解释了,而且也解释不了了。人道主义者提出的"人道""正义""自由""平等""博爱"这样一些口号,是一些或多或少属于道德范畴的字眼,这些字眼固然很好听,但在历史和政治问题上却什么也证明不了。

19世纪的空想社会主义对资本主义进行了猛烈的抨击,提出了种种改革社会的方案和关于未来合理社会的设想。但是,空想社会主义者和资产阶级的人道主义者一样,用抽象的人性、人的本质来解释历史,来设计他们的改革方案,来构想他们的合理社会。空想社会主义者认为,资本主义的黑暗和罪恶不过是人性或者说人类理性的迷误;消除这些黑暗和罪恶是思维着的理性的任务;社会主义正是理性、真理和正义的表现,只要把它发现出来,它就能用自身的力量创造出新的世界。他们在考虑怎样实现自己的主张的时候,脱离无产阶级和其他劳动人民的现实斗争,而去指靠唤起人性、改善人性的人道主义说教,并且往往还把希望寄托在少数杰出的统治者身上。这样的社会主义学说只能流于空想。空想社会主义学说虽然提出了许多卓越的思想,成为马克思主义的三大来源之一,在人类思想进步史上具有不容忽视的地位,但是,空想社会主义始终没有能够为人类解放找到现实的道路,也没有能够改变资本主义世界的发展进程。他们的建立在人性基础上的"社会主义"始终只是一种空想。

创立同抽象的人性论彻底决裂的历史唯物主义学说,是社会主义从空想变为科学的关键。跟历史唯心主义相反,历史唯物主义不是以抽象的人、人性、人的本质等概念为出发点,而是以具体的社会物质生活条件为出发点来解释历史。历史唯物主义认为,人们为了能够创造历史,必须能够生活。而为了生活,首先就需要衣、食、住以及其他东西。因此生产满足这些需要的资料,即物质生产,是一切历史的基本条件。马克思正是从这里出发,形成了关于人类社会的生产力和生产关系、经济基础和上层建筑、社会存在和社会意识、阶级和阶级斗争、国家和革命、无产阶级解放和全人类解放的完整的历史唯物主义学说。

马克思在《〈政治经济学批判〉序言》中对历史唯物主义的基本思想作过这样的经典表述:"人们在自己生活的社会生产中发生一定的、必然的、不以他们的意志为转移的关系,即同他们的物质生产力的一定发展阶段相适合的生产关系。这些生产关系的总和构成社会的经济结构,即有法律的和政治的上层建筑竖立其上并有一定的社会意识形态与之相适应的现实基础。物质生活的生产方式制约着整个社会生活、政治生活和精神生活的过程。不是人们的意识决定人们的存在,相反,是人们的社会存在决定人们的意识。社会的物质生产力发展到一定阶段,便同它们一直在其中活动的现存生产关系或财产关系(这只是生产关系的法律用语)发生矛盾。于是这些关系便由生产力的发展形式变成生产力的桎梏。那时社会革命的时代就到来了。随着经济基础的变更,全部庞大的上层建筑也或慢或快地发生变革。"①

历史唯物主义是马克思一生两大发现之一,它为社

---

① 《马克思恩格斯选集》第二卷,人民出版社,1995,第32~33页。

会主义从空想变成科学奠定了基础。自从马克思提出历史唯物主义学说以后，如果再有人鼓吹什么抽象的人性论，把实现抽象的、超阶级的、"普世"的、永恒的民主、自由、公平、正义等价值作为历史发展的推动力，作为人类社会的奋斗目标，甚至作为社会主义的标志，那就只能是历史性的倒退。

然而在国际共产主义运动中屡屡出现这种倒退行为。例如，1877年马克思就批评过当时德国党内的一种错误倾向，即为了同拉萨尔分子妥协，不惜用抽象的正义、自由、平等、博爱等来取代它的唯物主义基础。马克思说："在德国，我们党内流行着一种腐败的风气，在群众中有，在领导（上层阶级出身的分子和'工人'）中尤为强烈。同拉萨尔分子的妥协已经导致同其他不彻底分子的妥协……这些人想使社会主义有一个'更高的、理想的'转变，就是说，想用关于正义、自由、平等和博爱的女神的现代神话来代替它的唯物主义的基础（这种基础要求一个人在运用它以前认真地、客观地研究它）"。他指出："几十年来我们做了许多工作和花了许多精力才把**空想**社会主义，把对未来社会结构的一整套幻想从德国工人的头脑中清除出去,从而使他们在理论上(因而也在实践上)比法国人和英国人优越,但是,现在这些东西又流行起来,而且其形式之空虚,不仅更甚于伟大的法国和英国空想社会主义者,也更甚于魏特林。当然,**在**唯物主义的批判的社会主义时代**以前**,空想主义本身包含着这种社会主义的萌芽,可是现在,**在**这个时代**以后**它又出现,就只能是愚蠢的——愚蠢的、无聊的和根本反动的……"①

　　遗憾的是,这种用抽象的人性论取代历史唯物主义来研究社会经济问题的"愚蠢的、无聊的、根本反动的"行为,在我们这样的社会主义国家里,却不断出现,甚至被当作"理论创新"、当作"思想解放"来顶礼膜拜,这不是咄咄怪事吗?

---

① 《马克思恩格斯选集》第四卷,人民出版社,1995,第627～628页。

四　邓小平十分重视批评抽象的人道主义

我国改革开放以来,理论战线上历史唯物主义同抽象的人性论的斗争一直没有停息过。最早的一次斗争大概要算是 1983 年关于人道主义、异化问题的争论了。

十一届三中全会以来,国内报刊上发表了不少有关人性、人道主义的文章。这些文章歪曲马克思主义,鼓吹"人既是马克思主义出发点,又是马克思主义的归宿点",大讲"人的价值""人性""人的本质",宣扬超时代、超阶级的、适用于一切人的、永恒不变的人性,然后攻击社会主义是不符合人性的、非人道的制度。与此同时,他们宣扬社会主义异化论,说什么社会主义在自己的发展中必然在经济、思想、政治各个领域都产生异化现象,进而攻击社会主义是没有前途的。1983 年 3 月在纪念马克思逝世 100 周年大会上《关于马克思主义的几个理论问题》的报告,就是一个代表。这个报告试图把马克思主义归结为人道主义,并列举社会主义各个领域存在的阴暗面,把它说成是社会主义的异化。一些与会学者和专家当时就表示有意见,提出批评意见,有关领导也要求修改文章中的错误观点,然而报告还是在《人民日报》上全文刊登,造成了严重的不良影响。

邓小平作为无产阶级政治家,敏锐地觉察到抽象的人道主义和社会主义异化论的危害。他在党的十二届二中全会上发表了《党在组织战线和思想战线上的迫切任务》的讲话,强调"思想战线不能搞精神污染",严肃地批评了抽象的人道主义和社会主义异化论。他指出,对于各式各样的人道主义应当进行马克思主义的分析,我们宣传和实行社会主义的人道主义(在革命年代叫革命的人道主义),批评资产阶级人道主义。资产阶级把他们的人道主义说成是超阶级的,常常标榜他们如何讲人道主义,攻击社会主义是反人道的。但是在党内有人"也抽象地宣传起人道主义、人的价值"来了,"他们的兴趣不在批评资本主义而在批评社会主义"。他说,不存在抽象的人而只存在"现实的人",抽象地谈"人","就会把青年引入歧途"。他还对"社会主义异化论"进行了批评,指出这种理论"实际上只会引导人们去批评、怀疑和否定社会主义,使人们对社会主义、共产主义的前途失去信心,认为社会主义和资本主义一样地没有希望。"所谓"社会主义异化论""不是向前发展,而是向后倒退,倒退到马克思主义以前去了"。他把宣传抽象的人道主义和社会主义异化论看作是精神污染的重要内容,指出精神污染足以祸国误民,它在人民中混淆是非界限,助长一部分人当中怀疑以至于否定社会主义和党的领导的思潮。他说,精神污染现象如果"任其自由泛滥,就会影响更多的人走上邪路,后果就可能非常严重。从长远来看,这个问题关系到我们的事业将由什么样的一代人来接班,关系到党和国家的命运和前途。"①

根据邓小平讲话的精神,胡乔木组织了一个写作班子,写出了题为《关于人道主义和异化问题》的长文。文章运用马克思主义的立场、观点和方法,有理有据地批评了在人道主义和异化问题上的错误观点。邓小平充分肯定这篇文章,批示不仅在《人民日报》上发表,而且要求"教育部规定大专学生必读"。今天,重读这篇文章,我们仍会感到它对当前正确认识有关人性论的问题具有重要

① 《邓小平文选》第三卷,人民出版社,1993,第40~42、45页。

意义。

　　20 世纪 80 年代初围绕人道主义和异化问题的争论，我是亲身经历过来的。但是当时对这场斗争的意义理解不深，不懂得为什么邓小平那么重视人道主义和异化问题，以至于要把它提到中央全会去讨论，并上升到关系党和社会主义的前途命运的原则高度。过了 30 年，当我们经历了多次马克思主义同反马克思主义思潮的斗争，发现各种反马克思主义思潮，不管说的事情多么不同，用词有多大区别，但世界观及其历史观上是一样的：都是抽象的人性论，他们谈论问题都是把抽象的人性当作出发点的。要批判反马克思主义思潮，从根本上说，就必须批判抽象的人性论，划清历史唯物主义同历史唯心主义的界限。如果在这个问题上分不清是非，就不可能深入批判和清算各种反马克思主义观点。回过头来看 30 年前邓小平对人道主义、异化问题的批评，不能不承认，他发起这场斗争是具有战略远见的。

　　邓小平批评了抽象的人道主义和社会主义异化论以后，抽象的人性论在我国一度有所收敛。遗憾的是，随着资本主义性质的经济的发展，作为资本主义意识形态的重要组成部分的抽象的人性论,有了蔓延的土壤,加上对外开放,西方资产阶级学说大量涌进国门,邓小平批评过的抽象的人性论,不仅没有销声匿迹,相反,渗透到各个领域,演化成各种反马克思主义思潮,甚至大有愈演愈烈之势。种种从抽象的人性论出发谈论社会经济问题的"理论",几乎成为无须证明的公理而屡见报刊。事实表明,批判抽象的人性论任重而道远。

我们运用历史唯物主义的基本原理对我国近年来各个领域抽象的人性论的理论观点做一点分析,以明辨是非。

五　所谓人的本性是自私的"经济人假设"，是反社会主义的工具

在经济领域，抽象的人性论主要表现为"经济人假设"，即人的本性是自私的。每一个人都是追求个人的私利，都是"理性经济人"，一切经济活动都以此为出发点。有些人正是把"人的本性是自私的"作为依据，提出公有制违反人的本性，必须实行私有化，进而认为社会主义不符合人的本性，注定是没有前途的。"经济人假设"就成了反对社会主义的有力工具。这种观点也忽悠了不少人，有人看到日常生活中自私的思想和行为相当普遍，错误地认为"自私"的确是人的本性，这就上了那些人的当了。

"经济人"假设是西方经济学研究经济问题的前提

西方经济学研究经济问题有一个前提，即认为人都是自私的，都是追逐个人私利的理性的利己主义者，换句话说，都是"经济人"，这是人的不可更改的、永恒的本性。几乎所有的资产阶级经济学家都把"人的本性是自私的"这一论断作为研究一切经济问题的出发点。这就是所谓

的"经济人"假设。这个假设,不是指"可能是这样",而是指一种经济学研究中不应有争议的公理,好比勾股定理,是研究几何学的人一致公认的定理一样。正如我国一位受西方经济学影响甚深的经济学家所说的,"经济人"假设,"反复经过实践检验,颠扑不破",无须加以论证的了,可以由它推论出其他结论,并可以作为判断其他结论是否正确的标准。

这种假设,从亚当·斯密以来,资产阶级经济学家不断重复着。亚当·斯密研究经济学时,就是以人的利己主义为出发点的。他认为,人的本性是自私的,人们在自己的经济活动中考虑的只是个人的利益,只受个人利己主义的支配。个人彼此之间需要互相提供帮助和交往,但这种互相交往只是为了自己获取个人利益。每个人都按照利己心去追求个人利益,人与人之间便形成一种共同利益。他把自私自利当作一种亘古不变的自然现象,每一个人生来俱有的本性,一切经济范畴都从人的利己主义本性中去寻求解释。所以,亚当·斯密的整个经济学说的理论体系就是从这种人的本性中演绎出来的。马克思对斯密的"经济人"和他所活动其中的社会特征是这样描述的:"使他们连在一起并发生关系的唯一力量,是他们的利己心,是他们的特殊利益,是他们的私人利益。正因为人人只顾自己,谁也不管别人,所以大家都是在事物的预定的和谐下,或者说,在全能的神的保佑下,完成着互惠互利、共同有益、全体有利的事业。"①自斯密以降的西方资产阶级经济学家,包括古典经济学家、庸俗经济学家(也就是有的人所说的"现代经济学家"),几乎无一例外地都把人的自私本性当作天经地义的事情,当作分析一切经济问题的最基本的前提(尽管有人对此作一点修改补充,但基本思路是一样的)。

把个人利己主义理解为抽象的永恒的"人的本性",提出"经济人"假设,这是在资本主义生产关系基础上产生的一种理论。斯密的"经济人"不是人与生俱来的、不变的本性的体现,而是在当时"市民社会"里从事经济活动的人的本性,是以私有制为基础的商品生产者的本性,是资产者的本性。斯密对此有过具体的描述。他说:"资本已经在个别人手中积聚起来,当然就有一些人,为了从

---

① 马克思:《资本论》第一卷,人民出版社,2004,第199页。

劳动生产物的售卖或劳动对原材料增加的价值上得到一种利润，便把资本投在劳动人民身上，以原材料与生活资料供给他们，叫他们劳作。……假如劳动生产物的售卖所得，不能多于他们垫付的资本，他们便不会有雇用工人的兴趣；而且，如果他们所得的利润不能和他们所垫付的资本额保持相当的比例，他们就不会进行大投资而只进行小投资。"①这里的"人"，不是典型的资产者吗！问题在于，斯密不是从资本主义生产关系中引申出他所说的"人"，而把这种人的行为归结为人的永恒的天然的本性了。正如马克思指出的："在他们看来，这种个人不是历史的结果，而是历史的起点。因为按照他们关于人性的观念，这种合乎自然的个人并不是从历史中产生的，而是由自然造成的。"②

资产阶级学者提出"经济人"假设，其目的是掩盖资本家对工人的剥削关系。这种理论断定人与人之间是平等的——都是自私的，从本性上讲，是没有什么区别的。

---

① 亚当·斯密：《国民财富的性质和原因的研究》上卷，商务印书馆，1981，第 43 页。

② 《马克思恩格斯选集》第二卷，人民出版社，1995，第 2 页。

之所以有富人与穷人之别，那是由个人聪明与愚笨、勤奋与懒惰、节约与浪费等差别引起的。我国一位经济学家就说，"富人之所以有钱，那是因为他聪明；穷人之所以没钱，那是因为他愚笨。"这里根本没有什么"剥削"！资产阶级学者正是用"经济人"假设来解释资本家无偿占有工人所创造的剩余价值这种生产关系的合理性，把资本主义制度说成是符合人性的永恒的制度。资产阶级古典经济学家提出这一理论，在资产阶级反对封建主义的斗争中曾经起过一定的进步作用。随着资产阶级统治的巩固，其经济学家的基本任务不再是致力于揭示社会经济的发展规律，而是极力为资本主义制度的永恒性、合理性进行辩护了，于是"人的本性是自私的"这一"经济人"假设，不断得到强化，被当作不言而喻的、无须论证的前提。显然，这一理论是符合资产阶级的根本利益的。

应该承认，"经济人"假设，即"人的本性是自私的"这一论断，在我国经济学教科书、专著中，也相当普遍地被接受了，似乎也成了研究我国经济问题的无可怀疑的前提。有人把这个假设称作是"经济学的结晶"，或者说是经济学的"精髓"。这反映了西方教条主义、洋迷信危害之深。所以,有必要对"经济人"假设做一点分析。

从哲学上讲,"经济人"假设是历史唯心主义的命题,因而是反科学的

关于人的本性问题,我国的先哲们曾经有过激烈的争论。孟子说,人之初,性本善("人之性善也,犹水之就下也");荀子说,人之初,性本恶("今人之性,生而有好利焉")。墨子则根本不承认人有固定不变的永恒的本性,提出"近朱者赤,近墨者黑"。争论了几千年,谁也说服不了谁。这一历史事实至少可以说明,人的本性问题,并不是只有"自私的"一种回答,"人的本性是自私的"这一论断并不是无可争辩的、无须论证的真理。"经济人"假设本身是可以而且应该讨论的。我们是马克思主义者,就应该用马克思主义的历史唯物主义来分析这个问题。

按照历史唯物主义的观点,"自私"是一种观念形态、一种思想意识,属于上层建筑的范畴。自私、利己主义不是天生的,不是人一生下来就自然而然具有的本性。作为一种观念、一种思想的"自私",是由社会存在、经济基础决定的。在原始社会,极其落后的生产力以及原始公社的生产关系决定了人们毫无自私自利的思想,一切劳动成果,人们都会自觉地在整个部落中平均分配。这一点早已为许多原始部落的调查报告所证实。原始社会瓦解后，私有制的出现，使得剥削阶级有可能利用所掌握的生产资料无偿地占有劳动者的剩余劳动产品，也就是说产生了剥削，在此基础上，才形成自私自利、利己主义的思想。大家知道，在经济上占统治地位的阶级，它的思想也必然在意识形态领域中占统治地位。几千年私有制的存在和发展，使得在意识形态领域中占统治地位的剥削阶级的自私自利思想，逐步影响到许多劳动群众。然而，劳动阶级特别是无产阶级的阶级意识，是反对私有制及其经济剥削的，无产阶级在本质上是最先进的和大公无私的阶级。而自私自利、利己主义思想的普遍传播是私有制长期统治的结果，而不是人的不可改变的"本性"。在无产阶级社会主义革命中，随着私有制的消灭、公有制的建立和发展，人们必然会逐步摆脱自私自利这种剥削阶级思想的束缚，树立起与公有制相适应的大公无私的观念。可见，人并不是天生就是自私的，也不是所有的人都是自私的。自私观念是一种历史现象，它是私有制的产物，将随着私有制的消灭而消失。自私的人，即"理性经济人"，是历史的结果，而不是历史的起点。资产阶级学者把自私当作人的天然的本性,并以此作为不可更改的假设(公理)来推断一切经济问题,从哲学上讲显然是一种历史唯心主义,而与马克思主义的历史唯物主义相悖的。

从政治上说,"经济人"假设是资产阶级学者反对社会主义的重要工具

"经济人"假设并不仅仅是一种理论观点,它具有强烈的政治功能。资产阶级学者从来都是利用"人的本性是自私的"这一"经济人"假设来反对社会主义的。说远一点,李嘉图就是以此来反驳空想社会主义者欧文提出的按新原则改造社会的方案的。李嘉图在给自己的朋友格隆的一封信中以提问的形式表述了这一点:"如果人们的发奋努力的动力是社会利益而不是他们的私人利益,这种社会用原来那么多的人能比以往任何时候生产出更多的东西?难道说,几百年的经验不是证明恰恰相反吗?"欧文的社会主义是空想的,然而李嘉图由于资产阶级的局限性,不可能科学地分析欧文的错误,而是把资产阶级社会的经验(即自私才是经济发展的动力)作为亘古不变的真理,由此出发来对欧文的空想社会主义进行批判的。在世界上出现社会主义制度以后,资产阶级思想家更是把"人的本性是自私的"这一命题作为反对现实社会主义的重要工具，他们用这种抽象的人性论（实际上是资产阶级人性论）来论证社会主义是一种违反自然的空想，从而必然要垮台的。资产阶级经济学家曾借社会主义国家进行改革之际，向这些国家推销各种各样的改革方案，这些改革方案无一不是以"经济人"假设作为前提的。这些方案的最终目的，都是要把社会主义制度改造成为资本主义制度。最典型的就是向苏联东欧国家推销的以"华盛顿共识"为基础的"休克疗法"。这清楚地说明，"经济人"假设、"人的本性是自私的"这种理论，反映的是资产阶级的利益和要求，在现实生活中恰好是资产阶级学者和平演变社会主义的工具。

但是，不能不看到，改革开放以来，由于受新自由主义的影响，我国一些经济学家全盘接受了西方经济学的"经济人"假设，大力鼓吹抽象的人性论，宣传人的本性是自私的，把它当作经济学的"结晶""精髓"，主张由此出发来制定经济改革方案，作为驾驭经济的理论支点。这正好适应了西方垄断资产阶级对社会主义实施"和平演变"战略的需要。

从经济上说,在社会主义国家里,"经济人"假设为推行私有化提供了理论根据

近些年来,我国出现了一股私有化的思潮。一些经济学家从"人的本性是自私的"这一"经济人"假设出发,断定公有制是没有效率的,因为公有制是违背人的本性的,在公有制下,人是不会有积极性的。只有实行私有化,把公有财产量化到个人,人们才会关心属于自己的生产资料的保值和增值,才有可能提高经济效益。他们提出,私有制"实在是社会进步和经济发展的需要",因而主张"私有制万岁","人间正道私有化"。私有化的理由千条万条,归根结底是一条:人是自私的。上面说过,从理论上讲,抽象的人性论是历史唯心主义的,是站不住脚的。这里,我们只分析一下如何看待私有制。

在人类历史上,私有制的出现,并不是因为"人的本性是自私的",而是由生产力发展的状况所决定的。当生产力的发展,产生了剩余产品,凭借所掌握的生产资料可以无偿地占有剩余产品,这时,私有制就出现了。将来到了发达的社会主义社会和共产主义社会,生产力高度发展,可以充分满足生产和生活需要,可以实行完全的按劳

30

分配,直至按需分配,到那时,将彻底地消灭私有制。可见,私有制有一个产生、发展和消灭的过程,而不是由"人的自私本性"所决定的永恒的现象。

对于历史上存在的生产资料私有制,必须作具体分析。私人之所以占有生产资料,是要利用这些生产资料来进行生产。而要进行生产,就要把生产资料与劳动力结合起来,形成一定的生产关系。生产资料所有者凭借所掌握的生产资料同劳动者发生的经济关系,就是所有制关系。人类社会历史上存在过不同的私人占有生产资料的方式,即不同的私有制形式。有奴隶主私有制、地主私有制、资产阶级私有制,也有劳动者个体私有制。对这些不同形式的私有制,我们应该放到具体历史条件下去考察,看它是促进生产力的发展,还是束缚生产力的发展,据此来确定我们的态度。随着作为人类社会最后一种私有制形式——资产阶级私有制的确立和发展,生产社会性与私人资本主义占有之间的矛盾日益尖锐化。解决这一矛盾的唯一办法是用公有制取代私有制,这时,私有制的丧钟就敲响了。正是依据社会发展的这一规律性,马克思恩格斯代表工人阶级的根本利益,在《共产党宣言》中庄严地宣布:"共产党人可以把自己的理论概括为一句话:消灭私有制。"①全世界共产党人为实现消灭私有制这一理想进行了坚持不懈的斗争。当然,这不能一蹴而就,需要随着条件的成熟逐步推进。譬如,在我国社会主义的初级阶段,由于生产力的落后,资本主义性质的经济成分和个体经济对国民经济的发展还有着积极作用,因而在政策上还需要予以保护、鼓励和引导。我国现阶段实行公有制为主体、多种所有制经济共同发展的基本经济制度,是符合我国国情的,必须坚持。但是对于共产党人来说,在为现阶段目标奋斗的同时,时刻都不能忘记我们的长远目标——最终实现共产主义的社会制度。我们现在的努力是朝着最终实现共产主义这一最高纲领前进的。不为实现党在社会主义初级阶段的纲领努力奋斗,不是合格的共产党员;忘记最高纲领,同样不是合格的党员。对于共产党员来说,消灭私有制这一最终目标是不能动摇的。应该看到,我们是根据生产力落后这一具体国情,允许资本主义性质私有制和个体经济存在,支

---

① 《马克思恩格斯选集》第一卷,人民出版社,1995,第286页。

持并鼓励它们在一定范围内发展的,而不是从"经济人"假设出发,抽象地、无条件地赞扬私有制。我们绝不是主张私有制永远存在下去,绝不是主张私有制万岁,而是利用非公有制经济来发展生产力,为最终彻底消灭私有制创造条件。忘记了这一点,就忘记了根本。

从思想上说,"经济人"假设是宣传没落腐朽的剥削阶级思想的一种形式

我国一些经济学家根据人的本性是自私的这一"经济人"假设,宣传人人都是追逐最大限度的利润,谋求利润的最大化,进而提出:"人为财死,鸟为食亡。别看这只是一句俗话,却是千百年来人们对自身经济行为的总结,揭示的是一个浅白而又深刻的经济学原理。"公开宣布"人为财死"是人们正常而又合理的追求,把剥削阶级的最腐朽的思想推崇为人人应该遵循的行为准则。其实,"人为财死",这是建立在私有制基础上的思想意识;利润最大化,这是资本主义私有制的产物,是资本的本质表现。在资本主义社会里,只有占有生产资料的资本家才有可能去追逐最大限度的利润,也才会有追逐最大利润的动力;而丧失生产资料的工人是没有条件实现利润最大化的,他们只能靠出卖劳动力维持生活。"人为财死",并不是抽象的人们经济行为的总结,普遍地适用于一切社会和一切人的。

在社会主义社会里,"经济是以公有制为基础的,生产是为了最大限度地满足人民的物质、文化需要,而不是为了剥削。由于社会主义制度的这些特点,我国人民能有共同的政治经济社会理想,共同的道德标准。"①这种共同的理想、共同的道德标准,是在公有制基础上形成的,是要消灭剥削、消除两极分化、实现共同富裕的,而决不是追逐利润最大化,绝不是"人为财死"。毫无疑问,在社会主义国家,人们有自己的个人利益,因为在按劳分配的条件下,劳动仍然是谋生的手段,还不是生活的第一需要。但是,在公有制基础上,除了劳动者的个人利益外,还存在国家利益和集体利益,三者"必须兼顾,不能只顾一头。"②必须分清无产阶级利益观与资产阶级利益观的界限。邓小平指出:"在社会主义制度之下,个人利益要

---

① 《邓小平文选》第二卷,人民出版社,1994,第167页。
② 《毛泽东文集》第七卷,人民出版社,1999,第30页。

服从集体利益,局部利益要服从整体利益,暂时利益要服从长远利益","我们提倡和实行这些原则,决不是说可以不注意个人利益,不注意局部利益,不注意暂时利益,而是因为在社会主义制度之下,归根结底,个人利益和集体利益是统一的,局部利益和整体利益是统一的,暂时利益和长远利益是统一的。我们必须按照统筹兼顾的原则来调节各种利益的相互关系。如果相反,违反集体利益而追求个人利益,违反整体利益而追求局部利益,违反长远利益而追求暂时利益,那末,结果势必两头都受损失。"①一些经济学家从"人的自私本性"出发提出个人利益最大化,甚至公开鼓吹"人为财死",完全忽视和否定国家利益、集体利益的存在,这是违反社会主义的基本原则的资产阶级利益观。正是在这种资产阶级利益观的影响下,极端个人主义、拜金主义、享乐主义思想泛滥,不仅损害了国家利益和集体利益,而且导致某些人腐化堕落,甚至锒铛入狱,毁了一生。

---

① 《邓小平文选》第二卷,人民出版社,1994,第175、175~176页。

六 民主是有阶级性的,不存在抽象的、纯粹的民主

在政治领域,抽象的人性论最典型的表现莫过于鼓吹抽象的民主了。经常有人声称民主是人天生具有的权利,是人性的体现,是"天赋人权"。只要是民主(不管是什么民主),就是符合人性的进步的事情,这就是所谓"民主是个好东西"。他们认为,没有什么中国特色社会主义民主、西方资本主义民主,存在的只是抽象的、纯粹的、全人类共同的民主。

世界上没有抽象的、纯粹的民主

马克思主义者认为,要划清中国特色社会主义民主同西方资本主义民主的界限。从当前意识形态领域的状况看,划清这两种民主的界限是一项十分重要的,也是十分迫切的任务。有的人声称民主是人类文明的共同成果,改革开放就是要在中国实行像"民主"这一类普世性的价值,同国际上的主流观念接轨。这就从根本上否定了划清两种民主界限的必要性。从实践上看,敌对势力也正是利用抽象的、"普世"的民主作为颠覆我国人

民民主专政的工具。他们称西方发达资本主义国家实行的民主制度是"普世"的,然后以此为标准指责我国这也不民主、那也不民主,要求我们按照西方模式改造我国的政治制度。

可见,划清中国特色社会主义民主同西方资本主义民主的界限,事关我国社会发展的方向和前途,而划清这个界限的前提又是怎么看待"民主",尤其要搞清楚究竟有没有"普世"的、"纯粹"的民主。

早在20世纪初,国际共产主义运动中围绕着有没有一般的、纯粹的民主就发生过一场激烈的争论。俄国十月革命胜利、苏维埃政权建立以后,考茨基写了一本叫作《无产阶级专政》的书,抬出一般的、纯粹的民主来攻击俄国的无产阶级专政的政权。列宁在《无产阶级革命和叛徒考茨基》一书中,严厉批判了考茨基的"一般民主""纯粹民主",明确提出,民主是国家的一种形式,它是统治阶级维持自己统治的一种手段,因而民主是有阶级性的,没有什么超阶级的、一般的、纯粹的民主。他指出:谈到"民主",马克思主义者"决不会忘记提出这样的问题:'这是对哪个阶级的民主'"。"如果不是嘲弄理智和历史,那就很明显：只要有不同的**阶级**存在，就不能说'纯粹民主'，而只能说**阶级的**民主"。随着阶级的消灭，民主也将退出历史舞台，"因为在共产主义社会中，民主将演变成习惯，**消亡下去**"。因此可以说永远也不会有"纯粹的"民主。"纯粹民主"是"资产阶级愚弄工人的谎话"。"历史上有代替封建制度的资产阶级民主，也有代替资产阶级民主的无产阶级民主"。考茨基谈论"纯粹民主"，是用"谎话来蒙骗工人，**以便回避**现代民主即**资本主义**民主的**资产阶级实质**。"①

　　民主作为国家统治的一种形式、手段，是有其同专制、独裁不同的特点的，例如主张少数服从多数、选择治理国家的人员采用选举制度等。鼓吹"纯粹民主""一般民主"的人，往往把不同社会、不同阶级的民主观念中这些共同点抽象出来，把它叫作"普世价值"。例如，资产阶级讲民主，无产阶级也讲民主，这两种民主的性质和内容是根本不同的，但两者之间也有一些共同之处，有人就把共同点抽象出来，然后把民主说成是

---

① 《列宁选集》第三卷，人民出版社，1995，第593、600、601页。

"普世价值"，仿佛有一种值得人们追求的抽象的民主制度似的。

但是，这种抽象的民主在现实生活中是不可能独立存在的。从哲学上讲，共性寓于个性之中，没有脱离了个性而独立存在的共性，共性总是与个性结合在一起，总是体现在个性中。人们可以在思维中把不同事物的共同点抽象出来，形成概念，但能够在现实生活中看得见、摸得着的只是个性的东西。打一个比方。人们可以从各种各样的具体水果（苹果、橘子、梨、香蕉等）中抽象出共性的东西，把它概括为水果，但在市场上只能买到具体的水果，而买不到抽象的水果，因为水果这一概念只存在于具体的水果中，只有通过具体的水果才能表现出来。离开具体的水果，"水果"也就不可能存在了。同样，在实际的社会生活中，抽象的民主也是不存在的，能够形成社会制度而独立存在的都是具体的民主。毛泽东说过："实际上，世界上只有具体的自由，具体的民主，没有抽象的自由，抽象的民主。在阶级斗争的社会里，有了剥削阶级剥削劳动人民的自由，就没有劳动人民不受剥削的自由。有了资产阶级的民主，就没有无产阶级和劳动人民的民主。"他还指出:"民主自由都是相对的,不是绝对的,都是在历史上发生和发展的。"①

所以,讲到民主,如果是指一种现实存在的社会制度(而不是抽象的概念),那么,就只能讲奴隶社会的民主、资本主义民主,社会主义民主等,不可能有什么全人类共同的、一般的、纯粹的民主。

正因为这样,邓小平针对我国存在的民主发扬不够的问题,在提出"继续努力发扬民主,是我们全党今后一个长时期的坚定不移的目标"的同时,强调在宣传民主的时候,一定要把社会主义民主同资产阶级民主、个人主义民主严格地区分开来。他明确指出,有的人讲的"民主化"的含义不十分清楚,"资本主义社会讲的民主是资产阶级的民主,实际上是垄断资本的民主,无非是多党竞选、三权鼎立、两院制。我们的制度是人民代表大会制度,共产党领导下的人民民主制度,不能搞西方那一套。"②这就是说,不能抽象地谈论民主,不区分资本主义

---

① 《毛泽东文集》第七卷,人民出版社,1999,第208、209页。
② 《邓小平文选》第三卷,人民出版社,1993,第240页。

民主、社会主义民主，不能笼统地说"民主是个好东西"，而不管是什么性质的民主。

在当今时代，鼓吹"民主"最卖力的要算是美国了。美国把推广民主作为实现世界霸权的一种工具。他们的逻辑是这样的：美国的民主制度是最好的，具有"普世"意义，凡是不实行这种民主制度的国家就是暴政国家，就需要采取一切手段（包括军事手段）加以改造。美国前总统布什提出："支持每个国家、每种文化中民主运动和民主制度的发展，最终实现结束我们这个世界的暴政这一目标，这就是美国的政策。"按照这一思想，前国务卿赖斯曾把美国的国际战略概括为：在世界范围内支持民主、结束暴政，把全世界所有国家都改造成美国那样的"民主国家"，建立听命于美国的政府。21世纪以来一系列国家发生的颜色革命，就是美国按照这一战略策动的。美国宣传"普世"民主，目的是把民主当作推行世界霸权的工具，而我国却有一些人与美国这种战略相配合，也把西方民主制度宣扬为"普世"的，要求我们改变中国特色社会主义的民主制度，实行西方资产阶级民主制度，实际上就是要我国和平地演变成为资本主义制度。这一事实正好证明民主是有阶级性的,说明了中央提出在民主问题上划清原则界限的重要性。

民主总是同专政联系在一起的

有人在宣传一般民主、纯粹民主时,强调民主同专政是对立的,他们宣扬"全民民主",认为讲专政就妨碍了人民的民主权利,进而要求取消专政。前几年,有一帮子人按照这一思想搞"民间修宪",竭力主张在《宪法》中取消人民民主专政。受这种思想的影响,有的人就不敢讲专政了,写文章时尽量回避"专政"这个字眼。这是一个值得重视的原则问题。

其实,民主与专政是统一的,民主是统治阶级内部成员的权利,而专政是针对被统治阶级的。对被统治阶级实行专政并不妨碍统治阶级内部的民主。列宁曾经以奴隶制为例说明这一点,他说:"古代奴隶的起义或大骚动,一下子就暴露出古代国家的实质是**奴隶主**专政。这个专政消灭了奴隶主**中间**的民主,即对奴隶主的民主没有呢?谁都知道,没有。"①事实是,只有对被统治阶级实行专政,

---

① 《列宁选集》第三卷,人民出版社,1995,第593页。

才能保证统治阶级内部的民主。不镇压奴隶的起义，奴隶主阶级的政权就会被推翻，他们内部也就谈不上什么民主制度了。

新中国成立初期，一些民主个人主义者就鼓吹抽象民主，反对专政。时至今日，又有人把这一套搬了出来，说什么"公民权利高于一切"，因此必须把人民民主专政改为"人民民主宪政"。毛泽东在《论人民民主专政》中早就回答了这个问题。他针对国内外关于"你们独裁"的攻击，理直气壮地回答说："可爱的先生们，你们讲对了，我们正是这样。中国人民在几十年中积累起来的一切经验，都叫我们实行人民民主专政，或曰人民民主独裁。总之是一样，就是剥夺反动派的发言权，只让人民有发言权。"①在阶级社会里，"全民民主"是不会有的，正如恩格斯指出的："当无产阶级还需要国家的时候，它需要国家不是为了自由，而是为了镇压自己的敌人，一到有可能谈自由的时候，国家本身就不再存在

---

① 《毛泽东选集》第四卷，人民出版社，1991，第 1475 页。

了。"①民主也一样。对一个阶级讲民主,必然要对同它敌对的阶级讲专政,这是同一件事情的两个方面。在包括资产阶级国家在内的剥削阶级国家里,实质上只有极少剥削者阶级享受有比较充分的民主,而对广大劳动阶级群众实行专政,恰恰相反,在社会主义国家中,只有绝大多数人民享有高度的民主,才能够对极少数敌人实行有效的专政;只有对极少数敌人实行专政,才能够充分保障绝大多数人民的民主权利。事情的辩证法就是如此。

在改革开放的新形势下,邓小平提出必须坚持四项基本原则,并把它规定为立国之本。坚持无产阶级专政(在我国也叫人民民主专政)就是四项基本原则中的一项。也许是针对某些人忽视,甚至反对无产阶级专政的思想(这种思想,一度曾是相当普遍的),邓小平特地强调,无产阶级专政这一条,它的地位"不低于其他三条"。他指出,"无产阶级专政对于人民来说就是社会主义民主,是工人、农民、知识分子和其他劳动者所共

---

① 《马克思恩格斯选集》第三卷,人民出版社,1995,第324页。

同享受的民主,是历史上最广泛的民主。""但是发展社会主义民主,决不是可以不要对敌视社会主义的势力实行无产阶级专政。""我们必须看到,在社会主义社会,仍然有反革命分子,有敌特分子,有各种破坏社会主义秩序的刑事犯罪分子和其他坏分子,有贪污盗窃、投机倒把的新剥削分子,并且这种现象在长时期内不可能完全消灭。同他们的斗争不同于过去历史上的阶级对阶级的斗争(他们不可能形成一个公开的完整的阶级),但仍然是一种特殊形式的阶级斗争,或者说是历史上的阶级斗争在社会主义条件下的特殊形式的遗留。对于这一切反社会主义的分子仍然必须实行专政。不对他们专政,就不可能有社会主义民主。这种专政是国内斗争,有些同时也是国际斗争,两者实际上是不可分的"。"没有无产阶级专政,我们就不可能保卫从而也不可能建设社会主义。"①

今天,我们要像毛泽东、邓小平那样,明确地、同时也是理直气壮地回答那些企图取消人民民主专政的

① 《邓小平文选》第二卷,人民出版社,1994,第168、169 页。

45

人：我们决不能放弃人民民主专政，既要对广大人民实行最广泛的民主，又要对敌对势力实行专政。人民民主专政是"如同布帛菽粟一样地不可以须臾离开的东西。这是一个很好的东西，是一个护身的法宝，是一个传家的法宝，直到国外的帝国主义和国内的阶级被彻底地干净地消灭之日，这个法宝是万万不可以弃置不用的"。①

如果不对反社会主义分子实行专政，听任，甚至纵容他们起来颠覆社会主义制度，人民就会丧失民主的权利。历史上有过这样的教训。看一看80年代末90年代初苏联政局剧变、制度演变的悲剧吧！那时戈尔巴乔夫提出，无产阶级专政是反人道主义的、不民主的专制制度，"导致了专横和无法无天"，要求"排除任何阶级的专政"，放弃无产阶级专政。在他的支持、纵容下，反共反社会主义的"非正式组织"如雨后毒蘑菇般冒了出来，他们公开地举行反共反社会主义的集会、游行、示威、罢工、罢课，并在此基础上成立反共政党，逐步夺取政权（先是地方政

---

① 《毛泽东选集》第四卷，人民出版社，1991，第1502～1503页。

权、后来是全国政权），而共产党则在取消无产阶级专政的思想指导下，不是针锋相对地进行斗争，而是一味妥协、步步退让，最终酿成了亡党亡国的悲惨结局。这一切恰恰是在"民主化"的旗号下发生的。然而工人阶级和广大劳动人民丢失了政权，就从根本上丧失了民主的权利。在政局动荡、经济凋敝、社会不稳、生活水平下降的情况下，普通老百姓为了糊口而疲于奔命，还希冀什么民主！有人举出俄罗斯实行了多党制、议会民主这一套资产阶级民主制度一例，来说明俄罗斯走上了"民主"的道路。我们且不说这种民主的阶级实质，只想指出一点：那是骗人的，需要的时候拿出来掩人耳目，一到"要命"时刻，一切民主外衣都可以抛开。1993 年 10 月"炮轰白宫"的事件，人们记忆犹新。当议会反对派威胁到叶利钦的统治时，叶利钦就出动部队包围议会大厦（"白宫"），打死 150 多人，宣布解散最高苏维埃，中止宪法。这不是赤裸裸的资产阶级专政又是什么？

我们应该以苏联演变这一悲剧为戒，坚持人民民主专政，通过对反社会主义的敌对势力的专政，捍卫社会主义制度，保障广大人民的民主权利。在阶级斗争依然存在的条件下,放弃人民民主专政就等于自取灭亡。

必须坚持马克思主义的阶级观点和阶级分析方法

在民主问题上划清原则界限,批判抽象民主、纯粹民主,关键在于坚持马克思主义的阶级观点和阶级分析方法。

阶级斗争理论,阶级观点、阶级分析方法,是马克思主义的重要组成部分。在阶级社会里,社会的发展呈现出复杂纷繁而又不断变化、演进乃至更替的现象,似乎混沌一片,无法把握。马克思主义给我们指出了一条指导性的线索,使人们能在这种看来扑朔迷离的状态中发现规律性,这条线索就是阶级斗争理论。正如列宁所说的:"必须牢牢把握住社会划分为阶级的事实,阶级统治形式改变的事实,把它作为基本的指导线索,并用这个观点去分析一切社会问题,即经济、政治、精神和宗教等等问题。"①他强调,马克思主义者在谈论阶级社会的一切社会问题时,始终不能离开分析阶级关系的正确立场,不能离开阶级观点和阶级分析方法,因为"阶级关系——

---

① 《列宁选集》第四卷,人民出版社,1995,第30页。

这是一种根本的主要的东西，没有它，也就没有马克思主义"。①谈到民主这样涉及各方面利益的复杂问题，更是如此。只要运用马克思主义的阶级观点和阶级分析方法，我们就可以看到，世界上根本就没有什么超阶级的、抽象的、纯粹的民主，就可以一眼看出这些议论的实质。

有人提出，既然我们要抛弃以阶级斗争为纲，那么就不应该再讲阶级观点、阶级分析方法了。现在，在社会科学研究中有一种倾向，仿佛一提马克思主义的阶级斗争理论、阶级观点和阶级分析方法，就是"回到以阶级斗争为纲的年代"去了，就应该批判。其实，以阶级斗争为纲同阶级观点、阶级分析方法是完全不同的两回事情。以什么为"纲"，指的是我们党的中心工作，而马克思主义的阶级观点和阶级分析方法则是观察阶级社会里一切矛盾和斗争现象的基本理论原则。

社会是一个复杂的矛盾综合体。在这个各种矛盾错综交织在一起的综合体中，必有一个是主要矛盾，它决定

---

① 《列宁全集》第四十一卷，人民出版社，1986，第 92 页。

着、制约着其他矛盾的存在和发展。党在任何时候都要善于找出并抓住主要矛盾，只要抓住主要矛盾，其他矛盾就可以迎刃而解。这就叫抓"纲"带"目"。当社会主要矛盾是阶级矛盾的时候，党的中心工作应该抓住阶级斗争，通过解决阶级矛盾来带动其他矛盾的解决。那时以阶级斗争为纲是对的。但是，我国在生产资料所有制社会主义改造基本完成，剥削制度和剥削阶级基本消灭，大规模阶级斗争已经过去以后，社会主要矛盾已经不再是阶级矛盾，而是落后的生产与人民群众日益增长的物质文化需要之间的矛盾了，这时，党的中心工作就应该转移，即把工作的重心转移到经济建设上来，集中精力把经济搞上去，在此基础上才能解决其他社会矛盾。我们的失误在于，当社会主要矛盾发生了变化，党的中心工作却没有随之转移，在相当长一段时间里，仍然以阶级斗争为纲，这就给社会主义建设事业造成了损失。党的十一届三中全会果断地抛弃以阶级斗争为纲，提出以经济建设为中心，这是完全正确的。

坚持阶级观点和阶级分析方法是另一回事。只要还存在阶级斗争，我们就必须坚持马克思主义的阶级观点和阶级分析方法。的确,目前在我国,阶级矛盾已经不再是社会的主要矛盾,但正如《中国共产党章程》指出的:"由于国内的因素和国际的影响,阶级斗争还在一定范围内长期存在,在某种条件下还有可能激化。"①对于社会主义社会的阶级斗争问题,邓小平有过清醒的估计,他说:"社会主义社会中的阶级斗争是一个客观存在,不应该缩小,也不应该夸大。实践证明,无论缩小或者夸大,两者都要犯严重的错误。"②如果说在党的十一届三中全会以前,主要的问题是夸大了阶级斗争,把阶级矛盾看作是社会的主要矛盾,因而犯了错误,那么现在必须警惕完全否定阶级斗争的存在这股思潮,这股思潮会使得人们对敌对势力的进攻麻痹大意,看不清问题的实质。

江泽民总结我们的历史经验,明确指出:"我们纠正过去一度发生的'以阶级斗争为纲'的错误是完全正确的。但是这不等于阶级斗争已不存在了,只要阶级斗争还在一定范围内存在,我们就不能丢弃马克思主义的阶

① 《中国共产党章程》,人民出版社,2002,第3页。
② 《邓小平文选》第二卷,人民出版社,1994,第182页。

级和阶级分析的观点与方法。这种观点与方法始终是我们观察社会主义与各种敌对势力斗争的复杂政治现象的一把钥匙。"①观察围绕民主问题存在的矛盾和斗争，这把钥匙是万万不能丢弃的。

　　牢牢把握马克思主义的阶级观点和阶级分析方法，我们就可以拨开民主问题上的各种迷雾，看清楚问题的实质。这就为划清中国特色社会主义民主同西方资本主义民主的原则界限奠定了坚实的理论基础。

---

①　江泽民:《论有中国特色社会主义（专题摘编）》,中央文献出版社,2002,第34页。

七　公平是由社会经济关系决定的，世界上没有抽象的公平

抽象的人性论另一种表现是鼓吹永恒的、普遍适用的公平。公平，是一个热门的话题。一些人是从抽象的人的本性出发来谈论公平问题的。他们认为，世界上存在一种抽象的、适用于一切社会的公平，追求这种公平是人的本性。至于这种公平的内涵是什么，它是从哪儿来的、由什么决定的，他们就不再说了。然而这恰恰是问题的所在。

公平是由社会经济关系决定的，世界上并没有抽象的、永恒的公平

什么叫公平？在国际共产主义运动中一直是有争议的。这种争议，归根结底是历史唯心主义与历史唯物主义两种世界观及其历史观分歧的表现。有人认为，世界上存在一种抽象的、"普世"的、"永恒"的公平，资本主义社会违反了这种公平，因而是不合理的，未来的社会应该是公平的社会，我们就是要为实现公平而奋斗。他们把

这种臆造的"公平"作为改造旧社会制度、设计新社会制度的根据，仿佛社会制度是由思想决定的，而不是归根结底由生产力的性质客观地决定的。蒲鲁东就是这样的典型。他从人的"类本质"出发，提出一种"永恒的公平"，批评资本主义社会违反了公平的原则，因而应该建立一种符合"永恒的公平"原则的社会制度来取代它。

马克思恩格斯批评了蒲鲁东的"永恒的公平"。恩格斯在《论住宅问题》一文中，指出，蒲鲁东主义的一个特点是，每当需要分析经济关系时，就求助于永恒的公平。蒲鲁东"要求现代社会不是依照本身经济发展的规律，而是依照公平的规范来改造自己"。① "蒲鲁东在其一切著作中都用'公平'的标准来衡量一切社会的、法的、政治的、宗教的原理，他摒弃或承认这些原理是以它们是否符合他所谓的'公平'为依据的。"②这个公平，蒲鲁东称之为"永恒的公平"。蒲鲁东认为，"公平是人类自身的本质"，它应当是"一切"。

---

① 《马克思恩格斯选集》第三卷，人民出版社，1995，第207页。
② 《马克思恩格斯选集》第三卷，人民出版社，1995，第208页。

针对蒲鲁东主义从抽象的"人的本质"引申出公平这一范畴的历史唯心主义观点，恩格斯明确指出，公平这种观念是在一定经济基础上产生的，它不是先验的、与生俱来的。公平不是决定社会经济关系的东西，恰恰相反，它本身是由社会经济关系决定的。蒲鲁东的公平观把因果关系搞颠倒了，头脚倒置，他把本来应该由社会经济关系决定的东西，当作决定社会经济关系的东西了。

　　正因为公平是社会经济关系的反映，所以不同社会制度有不同的公平标准。恩格斯对公平下过一个经典性的定义，他说，公平"始终只是现存经济关系的或者反映其保守方面、或者反映其革命方面的观念化的神圣化的表现。希腊人和罗马人的公平认为奴隶制度是公平的；1789年资产者的公平要求废除封建制度，因为据说它不公平。在普鲁士的容克看来，甚至可怜的行政区域条例也是对永恒公平的破坏。所以，关于永恒公平的观念不仅因时因地而变，甚至也因人而异"。① 世界上不存在某种永恒不变的、超越社会经济关系的公平。运用类似蒲

---

① 《马克思恩格斯选集》第三卷，人民出版社，1995，第212页。

鲁东主义那样的"永恒的公平"来研究社会经济关系,就像化学中运用燃素说来分析燃烧现象一样,只会造成一种不可救药的混乱。

公平是一个历史的范畴,公平的标准随着社会经济关系的变化而变化

按照马克思主义的历史唯物主义,应该根据社会经济关系(其基础是生产资料所有制)来研究公平问题。公平是一个历史的范畴,人们对是不是公平的判断标准是随着社会经济关系的变化而变化的。我们回顾一下人类历史上公平这种观念的发展历程吧。

当生产力的发展使得人们的劳动有可能生产出剩余产品的时候,原始社会就逐渐为奴隶社会所取代。奴隶主把奴隶当作会说话的工具,残酷地压迫和剥削奴隶,这种现象,从我们现在的观念来看,是极其不公平的,应该予以谴责。但是,放到当时的历史条件下来考察,却是唯一公平的社会制度及其分配方式,因为只有这样残酷的剥削,才使得在战争中获得的俘虏不被杀掉而让他们活下来成为贡献剩余劳动的奴隶,也使得少数奴隶主有可能摆脱繁重的体力劳动,专门从事科学和文化,从而才有可能出现灿烂的希腊文明和繁荣的罗马帝国。奴隶主对奴隶的压迫和剥削,在历史上曾经促进了生产力的发展,推动了社会进步,因而在特定的历史发展阶段上,比这更为公平的社会制度及其分配方式,只能是后人主观设想的东西,在当时的现实生活中是不可能存在的。当然,奴隶制的历史作用是阶段性的。在奴隶社会后期,对奴隶进行残酷的剥削使得奴隶毫无积极性,他们用故意毁坏生产工具、大批逃亡和大规模的起义等方式进行反抗。随着生产力的发展,奴隶制逐渐成为生产力发展的桎梏,封建制取代奴隶制就成为不可避免的了。建立在奴隶制生产方式基础上的、曾经是公平的分配方式就逐渐过时了,需要由另一种社会制度及其分配方式取而代之,公平的标准随之也就发生变化了。

在封建社会里,地主占有土地,农民没有或者只有很少的土地,不得不向地主租种土地并支付地租,或者到地主家里去当长工。农民往往在人身上依附于地主。地主对农民进行残酷的剥削,这一点,只要了解新中国成立前我国农民的境况的人都是十分清楚的。土地改革得到农民广泛的拥护,大大调动了农民的积极性,贫雇农由此获得了解放,道理就在这里。然而在封建社会里,地主凭借占有的土地获得地租,农民租种地主的土地支付地租,是最公平的社会制度和分配方式,以致有人认为这是天经地义的。客观地说,只要还是封建主义的生产关系,就没有别的分配方式。

资本主义社会也有它自己的由资本主义生产方式决定的公平标准。随着资本主义取代封建主义,在资产阶级私有制基础上产生了资本主义的公平。在资本主义社会里,生产资料集中在资本家手里,劳动者丧失了生产资料,但人身是自由的,因而劳动力成为他唯一可以出售的商品。资本家在市场上按照劳动力的价值购买劳动力,然后驱使工人进行劳动,在生产过程中,工人的劳动创造出超过劳动力价值的价值,即剩余价值。资本家凭借生产资料所有权,把工人创造的剩余价值无偿地攫为己有。毫无疑问,资本家榨取工人创造的剩余价值仍是人剥削人的一种形式,但它是资本主义生产方式基础上唯一公平的分配方式。马克思恩格斯无情地鞭挞了资本主义剥削的残酷性,说资本一来到世上每个毛孔都渗透着血和污,同时却充分肯定资本主义生产方式和分配方式的历史的积极作用。他们在《共产党宣言》中指出："资产阶级在它的不到一百年的阶级统治中所创造的生产力,比过去一切世代创造的全部生产力还要多,还要大。"①在资本主义生产方式统治的历史条件下,在现实生活中,由资本主义生产方式决定的工人获得劳动力价值(工资)、资本家占有剩余价值这种分配方式是最为公平的。

国际共产主义运动中拉萨尔派谴责资本主义社会的分配不公平,强调在未来"劳动资料是公共财产"的社会里,应该公平地分配劳动所得,即"劳动所得应当不折不扣和按照平等的权利属于社会一切成员"。马克思着重批判了拉萨尔派的所谓"公平的分配"和"平等的权利"。马克思用提问的方式阐述了自己的观点,他说:

"什么是'公平的'分配呢?

难道资产者不是断言今天的分配是'公平的'吗?难道它事实上不是在现今的生产方式基础上唯一'公平的'分配吗?难道经济关系是由法的概念来调节,而不是相反,从经济关系中产生出法的关系吗?难道各种社会主

① 《马克思恩格斯选集》第一卷,人民出版社,1995,第277页。

义宗派分子关于'公平的'分配不是也有各种极不相同的观念吗?"①

可见,历史上公平的标准是不断变化的,我们必须结合历史条件来谈论是否公平的问题。脱离社会经济关系来抽象地谈论什么是公平、什么是不公平,那是说不清楚的。

在社会主义条件下,按劳分配是唯一公平的分配方式

马克思在批判拉萨尔派关于未来社会的所谓"公平分配"原则的时候,分析了共产主义社会第一阶段——社会主义社会的分配方式。在生产资料社会主义公有制的条件下,生产资料属于全体劳动者共同所有,生产资料占有的平等使得任何人都不可能凭借生产资料所有权无偿地占有他人剩余劳动的产品,也就是说排除了按生产资料占有的多少进行分配,这就为消灭剥削、消除两极分化奠定了基础。但是,社会主义社会还是"刚刚从资本主义脱胎出来的在各方面还带着旧社会痕迹的"社会,生产力还没有发达到充分满足社会全体成员的生活需要和生产需要的程度,劳动还不是生活的第一需要,而只是谋生的

——————

① 《马克思恩格斯选集》第三卷,人民出版社,1995,第302页。

手段,加上脑力劳动与体力劳动的差别还没有消灭。因此,在分配领域还只能实行按劳分配原则,即社会的每个成员完成一定份额的社会必要劳动,然后按照劳动的数量和质量从社会储存的消费品中取得相应数量的生活消费品。毫无疑问,按劳分配仍存在某种不平等现象,因为每一个人的智力和体力是有差别的,因而同一时间能提供的劳动数量和质量不一样;又因为每一个人需要赡养的家庭人口是有差别的,因而付出相同数量和质量的劳动得到的实际生活水平却是不一样的。这是把同一标准应用在不同的人身上所必然产生的。① 这里,形式上的平等掩盖了事实上的不平等,这就叫"资产阶级权利"。正因为按劳分配还存在"资产阶级权利",所以这种分配方式并不是我们的理想。随着生产力的高度发达、产品的极大丰富,在未来的共产主义社会里,我们要用"按需分配"来取代"按劳分配"。

尽管如此,按劳分配是社会主义条件下最公平的分配

---

① 参见《马克思恩格斯选集》第三卷,人民出版社,1995,第304、305页。

方式。一方面,社会主义公有制决定了不能按生产资料占有情况进行分配;另一方面,不够发达的生产力水平又决定了还不能按人们的实际需要进行分配,在这种情况下,按劳动的数量和质量进行分配是唯一公平的分配方式。

所以,在社会主义社会里,正确地贯彻按劳分配原则,就是实现了公平,虽然生活水平仍有差别;任何违反按劳分配原则的制度、政策、措施,无论是平均主义,还是差距过大,都是不公平的。

值得注意的是,马克思在《哥达纲领批判》中提出了指导研究分配问题的一个根本的方法论原则,即不能从抽象的公平、平等出发,而要从生产方式,首先从所有制出发来研究分配问题,来确立是不是公平的标准。生产方式决定分配方式。消费资料的任何一种分配,都不过是生产条件本身分配的结果。任何物质资料生产都是生产资料与劳动力的结合,"生产条件的分配"实质上是指生产资料与劳动力归谁所有。资本主义条件下,"生产的物质条件以资本和地产的形式掌握在非劳动者手中,而人民大众所有的只是生产的人身条件,即劳动力。既然生产的要素是这样分配的,那么自然就产生现在(指资本主义社会。——引者）这样的消费资料的分配。如果生产的物质条件是劳动者自己的集体财产，那么同样要产生一种和现在不同的消费资料的分配"。不能把分配看成并解释成一种不依赖于生产方式和所有制的、仿佛由"公平""平等"决定的东西，从而把社会主义描写为主要是围绕着分配兜圈子。马克思把这种想法称之为"庸俗社会主义"，认为它是"仿效资产阶级经济学家"的思想①。遗憾的是，当前研究分配问题却往往重复马克思批评过的错误，脱离生产方式、所有制，抽象地追求公平与平等。其实，公有制有公有制的分配方式，私有制有私有制的分配方式，公有制和私有制的公平标准是迥然不同的。企图寻找一种不同生产方式、不同所有制都适用的"公平的"分配方式，这是徒劳的。

从马克思上述观点出发，我们要实现社会主义的公平分配，就必须坚持生产资料公有制。离开公有制，就不可能有按劳分配，也就不可能有公平。现在有人成天喊"公平"，却又主张私有化，这不是南辕北辙了吗？他们

①　《马克思恩格斯选集》第三卷，人民出版社，1995，第306页。

设想,在私有制基础上,只要对具体分配政策作点调整,就可以实现社会主义的公平,这简直是痴心妄想。私有制必然产生人剥削人的分配关系,在私有制基础上调整分配政策,至多只能缓和剥削关系带来的社会矛盾,而不能实现我们所希望达到的公平。在分配领域,社会主义的公平是按劳分配,这是建立在生产资料公有制基础上的。

恩格斯批判蒲鲁东主义的"永恒的公平",马克思批判拉萨尔主义的"公平分配",已经过去 130 多年了。他们所阐述的马克思主义关于公平的基本原理,在国际共产主义运动中,早已成为定论。然而在我国,近年来在公平问题上又有人重复蒲鲁东主义、拉萨尔主义的错误,把公平当作社会主义的本质,仿佛只要实现了他们所说的抽象的"公平",就是社会主义了。例如,某位经济学家提出"社会主义 = 市场经济 + 社会公平"这样的公式。在这里,我们不来讨论市场经济问题,因为邓小平同志早就讲过,市场经济是发展生产的方法、调节经济的手段,资本主义可以用,社会主义也可以用,因而市场经济不可能成为决定社会性质的东西,不能用是不是实行市场经济作为判断是不是社会主义社会的标准。问题在于,这位经济学家在方法论上同历史上的蒲鲁东主义一样,认为公平是某种永恒不变的东西(但又始终不愿在理论上和实践上说清楚他们说的公平的内容),而且把这种模糊不清的公平作为评判社会性质的标准,似乎一个社会是不是社会主义社会,要看它是不是实现了他们所说的公平。这就陷入了历史唯心主义的泥坑。要知道,公平是社会经济关系的观念化、神圣化的表现,社会经济关系决定公平的标准,而不是公平决定社会经济关系。社会经济关系体现在制度上就是社会制度。可见,主观设定的、臆想的公平并不能决定社会制度的性质,也不能成为判断一种社会制度的性质的标准。一种社会制度的性质是由生产资料所有制的性质和国家政权的性质决定的,而不是由是不是公平来决定的,这是马克思主义的常识。这位经济学家虽然很著名,名声很大,但在这个问题上却连常识都没有。

那么,能不能把实现公平当作社会主义的历史任务呢?这种提法恐怕也不妥。马克思恩格斯最反对把社会主义的任务归结为实现"公平""正义""平等"等。例如,马克思坚决反对在党纲中写上"消灭一切社会的和政治的不平等"这一不明确的语句,而主张把"消灭一切阶级差别"作为党的奋斗目标。他说:"随着阶级差别的消失,一切由这些差别产生的社会的和政治的不平等也自行消失。"①恩格斯完全赞成这一思想,他说:"用'消除一切社会的和政治的不平等'来代替'消灭一切阶级差别'","把社会主义看作平等的王国",这是以资产阶级的"自由、平等、博爱"为依据的口号,"现在也应当被克服,因为它只能引起思想混乱"。② 他们说的是"平等",但也适用于"公平"这一概念。所以,应该说,社会主义的根本任务是发展生产力,并在此基础上彻底消灭私有制,消灭阶级和阶级差别(当然这需要一个很长的历史时期),而不是追求什么抽象的公平。

①　《马克思恩格斯选集》第三卷,人民出版社,1995,第 311 页。
②　《马克思恩格斯选集》第三卷,人民出版社,1995,第 325 页。

八 价值始终是具体的,世界上没有普世的价值

从抽象的人性论出发研究社会经济问题,最突出的也许就是最近一段时间盛行的"普世价值"了。有人提出,民主、自由、人权、正义、平等、博爱等是人类文明的成果,那是体现了人的本性的"普世价值",必须实行。有人甚至喊出"解放思想就要确立'普世价值'"的口号,主张无论是经济、政治还是社会、文化方面的理论创新,都必须以"普世价值"为尺度,跟国际上的民主、宪政等主流观念接轨。有人断言:人类的现代化就是要实现人类共同的"普世价值"的现代化。

这一套说法,实际上提出了这样几个问题:从理论上讲,有没有"普世价值",即有没有某种普遍适用的、永恒的价值? 从实践上讲,这些人鼓吹的"普世价值"的实质是什么? 实现这些价值意味着什么? 这些问题,事关我国社会发展的方向、道路,是举什么旗、走什么路的原则问题,必须分辨清楚。

世界上并不存在普遍适用的、永恒的价值

要回答有没有"普世价值",先要对"价值"以及"普

世性"下一个明确的定义。如果对这些基本概念不做明确的界定,就会陷入"聋子对话"的局面,你说你的、我说我的,那样讨论就无法进行。

在日常生活中,"价值"是指客体对主体的意义和效用。[①] 一件事物对我有意义、有效用,它就是有价值的,对我没有意义、没有效用,它就是没有价值的。不要把客观事物的性能本身就当作某种"价值"。"价值"是客体对主体的关系及其意识;而"价值意识"则是人们头脑里的东西,它是客观事物的性能在人们头脑里的这样一种反映:它对我有没有意义、有没有用。"价值意识"是基于价值关系而对客观事物的意义、效用的判断,它是一种观念。当然,一旦确立了某种价值观念,一旦人们对某种事物确定了有意义还是没有意义、有效用还是没有效用,就会指导人们的实践去改造客观事物:断定这种事物是有意义的,就会积极地去实现它、利用它、发展它;相反,就努力去反对它、限制它

---

① 不要把日常生活中的"价值"同经济学中的"价值"混为一谈。经济学里讲的"价值"是另外一种含义,它是指商品生产者之间的社会关系。经济学谈到商品对人们的意义和效用,用的是"使用价值"这个概念。

甚至消灭它。这就是意识对存在的反作用。

　　"普世"有两种含义。一是从横向来看，是指价值的普遍适用性，即这种价值观念适用于所有的人，不管哪个阶级、哪个个人，都赞成并实践这种价值。如果某种价值观只有一部分人赞成，另一部分人不赞成，那就不能叫作"普世"的。即使是大多数人都主张或具有这种价值观念，也不能自称为"普世"的，因为还有人不赞成、不具有这种价值观念，因而还不是普遍适用的。在一部分人不同意这种价值观念的情况下，赞成这种价值观念的人把它称之为"普世"的，其目的往往是企图通过国家的力量或道德的力量强迫不赞成的人接受并实行这种价值观，这并不表明这种价值观念客观上是"普世"的，而只是说明它是某一个阶级、某一个群体的一种意愿，即希望或要求所有的人普遍地接受和实行这种价值观念；二是从纵向来看，是指价值的永恒性，即这种价值观念，适用于任何社会，不管哪种社会经济形态，都持有并适用这种价值观念，它不会随着历史的发展而变化。如果某一种价值观念，只适用于一种社会经济形态，而不适用于其他社会经济形态，例如只适用于资本主义社会，而不适用于社会

69

主义社会,那就不能称之为"普世价值"。主张"普世价值"的人,都认为"普世价值"来自人的本性,是天生的、与生俱来的,或者是上帝给予的,亘古不变,理应如此,不能违背。如果条件变了,价值观念也随之发生变化,那就说明它不是"普世"的,而只是某个历史阶段特有的价值。

按照这样理解"价值"和"普世性",应该说,世界上并没有一种价值是"普世"的,也就是说,世界上并没有普遍适用的、永恒的价值。那些把民主、自由、人权、公平、正义等称之为"普世价值"的人,他们关于"普世价值"的论断在逻辑上是自相矛盾的:如果他们说的价值观念是"普世"的,那么中国早就应该是赞成并实践了的,怎么会"自外于"这种价值观念呢? 反过来说,既然拥有十三亿人的中国不赞成,或没有实行他们所说的"普世价值",这种价值观念怎么能说是"普世"的呢? 显然他们所说的"普世价值"并不真正是"普世"的,而只是一部分人的价值观念。他们把它叫作"普世价值",无非是要求中国也实行这样的"价值"。

倒还是某些西方学者对这一点看得清楚一些。按照我国鼓吹"普世价值"的人的说法,英、美、法等发达资本主义国家里的民主、自由、平等、人权、博爱、法制等是"普世价值",中国必须遵行。然而恰恰是这些国家的某些学者对这些价值观念的"普世"性表示怀疑。法国前外长韦德里纳与法国国际和战略关系研究所所长博尼法斯在新近联合出版的新书《全球地图册》中,就谈到了这个问题。有人质疑韦德里纳是否"过于偏激"地放弃了人权、自由和民主等"普世价值",他对此回答说:"我一直坚信和捍卫这些价值,但我不无伤感地告诉您,西方世界10亿人口在全球60亿人口中占少数,我们认定的'普世价值'未必真的就是'普世'的,现在我们没有理由也没有能力强迫别人接受我们的价值观。"显然,得不到大多数人认同的价值不能算是"普世"的,这一点,连一些西方学者也是承认的,而我国某些学者却闭着眼睛不承认这一点。

可见,他们鼓吹的那些价值观念的"普世"性是自封的,并不真的就是"普世"的,其目的是想借口"普世性"把那些价值观念强加给别人。

在现实的社会生活中为什么不可能存在"普世"性质的价值?

我们先从理论上分析一下为什么世界上没有"普世

价值"。其理由是这样两条。

第一，价值观念从来都是具体的，因人而异。现实生活中不可能有抽象的价值独立存在。

上面讲过，价值是指客体对主体的意义和效用。同一种事物，对不同的人来说，意义和效用是不一样的，也就是说，对同一事物的价值判断因人而异。这是因为，人的基本特性是社会性，人是在社会中进行生产和生活的，脱离社会的个人无法生存。在生产和生活中，人与人之间必然发生一定的社会关系。由于人们在社会关系中的地位不一样，追求的利益也不一样(在阶级社会里就形成不同的阶级)，所以不同的人对同一种事物的价值判断必然也是不同的。对同一件事情，一个阶级认为是有利的，而与之相对立的阶级却认为是不利的，这种状况在阶级社会里比比皆是。

当然，为了使社会正常运转，在长期的社会生活中人们也会形成一些人人必须遵守的行为规范(这些行为规范或者是约定俗成的，或者是由法律规定的)。但是即使是公认的行为规范，也会有人不赞成、不遵守，而且不同的人往往也有不同的理解。这就是说，那也不是

"普世"的。

鼓吹"普世价值"的人往往把不同阶级、不同的人群存在的价值观念中的共同点，抽象出来把它叫作"普世价值"。例如，资产阶级讲民主，无产阶级也讲民主，这两种民主的性质和内容是根本不同的，但两者之间也有一些共同之处，有人就把共同点抽象出来，然后把民主说成是"普世价值"，仿佛有一种值得人们追求的抽象的民主制度似的。

但是，这种抽象的民主在现实生活中是不可能独立存在的。共性寓于个性之中，没有脱离了个性而独立存在的共性。人们可以在思维中把不同事物的共同点抽象出来，形成概念，但能够在现实生活中看得见、摸得着的只是个性的东西。能够作为一种制度存在的，只能是具体的民主。

对于自由，我们也应该做这样的分析。我们在思维中可以从不同的自由观中抽象出某些共同点，把它叫作"自由"。但是，这种抽象的"自由"，在现实社会生活中也是不能独立存在的，能够独立存在的只是具体的自由。对自由的理解，不同的阶级是不一样的，甚至是对立的。资产阶级认为，凭借他占有的生产资料来雇用工人、榨取工人创造的剩余价值,这是他的权利和自由;而工人阶级则认为,消灭私有制、消灭雇佣劳动制度,才能获得自己的自由。

在存在阶级的条件下,侈谈什么抽象的自由、平等都是骗人的。列宁曾经尖锐地指出:"只要阶级还没有消灭,任何关于自由和平等的笼统议论都是欺骗自己,或者是欺骗工人,欺骗全体受资本剥削的劳动者,无论怎么说,都是在维护资产阶级的利益。只要阶级还没有消灭,对于自由和平等的任何议论都应当提出这样的问题:是哪一个阶级的自由? 到底怎样使用这种自由? 是哪个阶级同哪个阶级的平等? 到底是哪一方面的平等? 直接或间接、有意或无意地回避这些问题,必然是维护资产阶级的利益、资本的利益、剥削者的利益。只要闭口不谈这些问题,不谈生产资料的私有制,自由和平等的口号就是资产阶级社会的谎话和伪善,因为资产阶级社会用形式上承认自由和平等来掩盖工人、全体受资本剥削的劳动者,即所有资本主义国家中大多数居民在经济方面事实上的不自由和不平等。"①

----

① 《列宁全集》第三十九卷,人民出版社,1986,第 423～424 页。

很显然,在资本主义社会里,有了资产阶级雇佣和剥削工人阶级的权利和自由,就没有工人阶级当家做主、不受奴役的权利和自由;满足了资产阶级追逐利润的需求,工人阶级就只能忍受剥削和压迫。而一旦资产阶级统治受到威胁,正像马克思说的那样,"自由、平等、博爱"这些格言,就会"代以毫不含糊的'步兵,骑兵,炮兵!'"①。

可见,现实生活中根本不存在超越阶级的、适用于一切人的诸如自由、民主、平等、博爱、人道等"普世价值"。某些人使劲鼓吹的"普世价值",并不是、也不可能是"普世"的。价值,在阶级社会里是具有阶级性的,不过他们把特定阶级的价值观念冒充为"普世"的价值观念罢了。这种手法却很能迷惑人的:一宣布是"普世"的,不明底细的人,谁还会反对呢!

第二,价值的内涵是由社会经济关系决定的,因而没有永恒的价值。

人们对客观事物的价值判断,是一种观念,属于上层

---

① 《马克思恩格斯选集》第一卷,人民出版社,1995,第622页。

建筑的范畴,它的内涵是由经济基础决定的。因此,价值观念的内容、人们的价值判断的标准,是随着社会经济关系的变化而不断改变的。在不同的社会经济关系中,人们赋予同一个价值观念以完全不同的内涵。也就是说,价值是历史的,而不是永恒的、不变的。从人类社会发展史的角度看,没有普遍地适用于一切社会的永恒的价值。马克思恩格斯曾针对共产党要废除"一切社会状态所共有的永恒真理,如自由、正义等等"的责难,特地指出:"人们的观念、观点和概念,一句话,人们的意识,随着人们的生活条件、人们的社会存在的改变而改变,这难道需要经过深思才能了解的吗?""至今的一切社会的历史都是在阶级对立中运动的",所谓的"永恒真理"反映的恰恰是过去各个世纪所共有的、在私有制基础上产生的"社会上一部分人对另一部分人的剥削"这一事实,因此,"共产主义革命就是同传统的所有制关系实行最彻底的决裂;毫不奇怪,它在自己的发展进程中要同传统的观念实行最彻底的决裂"①。

---

① 《马克思恩格斯选集》第一卷,人民出版社,1995,第292、293页。

鼓吹"普世价值"的人是历史唯心主义者,他们不是根据社会经济关系来确定价值的内容,而是倒过来,预先先验地确定了某些价值观念是"普世"的,然后根据这些"普世"的价值观念来判断现实社会的是非对错,进而要求按照这些"普世价值"来安排社会关系。他们从来不回答他们所主张的抽象的、适用于一切社会的"普世价值"是从哪儿来的,仿佛这是人一生下来就必然具有的,是人的本性,或者是上帝赋予的,叫作"天赋人权"。其实他们鼓吹的"普世价值"并不是人人所固有的,或上帝赋予的,而是由资本主义的社会经济关系决定的。他们总是自觉不自觉地把资本主义的价值标准当作某种普遍适用的、永恒的东西,用它去衡量其他社会,尤其是社会主义社会的事情。看一看他们"普世价值"的具体内容,就可以明白这一点。他们正是把西方发达资本主义国家里的民主、自由、人权、公平等称之为"普世价值"的,而这些价值观念的内涵不就是反映了资本主义的政治经济关系吗?他们之所以拼命否认他们所鼓吹的"普世价值"有姓"社"姓"资"的区别,恰恰是因为那里真实地存在着社会主义与资本主义的根本区别。

关于"普世价值"问题需要澄清的几个观点

赞成"普世价值"的人,有的是认识问题,即在理论上对"普世价值"缺乏正确的认识,被一些似是而非的议论搞糊涂了;而有的则是政治问题,即怀着政治目的故意宣扬"普世价值",他们把西方的价值封为"普世"的,要求我国实行这样的"普世价值",走资本主义道路。这两类问题在性质上是有区别的,前者是人民内部矛盾性质的思想问题,后者则是敌我矛盾性质的政治问题。认识问题是可以讨论的,需要通过百家争鸣来分辨是非;对后者则需要坚决斗争,决不允许它自由泛滥。

我们先说一下关于"普世价值"的几个需要从理论上澄清的观点。

第一,不要把客观上存在的人类共同利益当作价值观念的"普世性"。

人们往往把人类的共同利益作为"普世价值"的论据。毫无疑问,人类的确存在一些共同的利益,随着经济全球化的发展、人与人交往的增多,人类的共同利益也会扩大。目前世界上确实存在诸如核威胁、恐怖主义、环境污染、资源枯竭等带有全球性的问题,这些问题如果处理不好,会直接威胁到全人类的生存与可持续发展。因此,需要国际社会以及有关责任国,重视全人类所面临的共同问题,加强国际协调和合作,推动相关问题的解决。但是,存在共同利益是一回事,对待共同问题的态度、处理共同问题的方法则是另一回事,前者是客观的存在,后者是人们的主观意志(包括认识、对策等)。决不能说存在共同利益,价值观念就一样了。每一个国家、每一个阶级都是从自身的利益出发来对待和处理全人类的共同问题的。例如,随着环境污染的加剧,人们越来越看到防治污染的重要性。但资产阶级出于自身的追逐最大限度利润的阶级利益,或者以邻为壑,把污染企业转移到第三世界去,甚至直接把污染物"出口"到不发达国家去,或者干脆不同意承担治理污染的责任,世界上排污量最大的美国至今不签署《京都议定书》就是一个例子。

戈尔巴乔夫曾天真地认为"全人类利益高于一切",仿佛既然人类存在共同问题,就不要讲什么阶级利益、国家利益了。事实表明,这是违背客观实际的幻想,而且对社会主义国家来说也是一个生死攸关的原则问题。这一点,垄断资产阶级的政治家看得十分清楚。1988 年当戈尔巴乔夫在联大发表讲话,宣布把全人类共同利益作为其外交政策的基石,放弃阶级观点和阶级分析方法,时任美国驻苏大使马特洛克非常高兴,认为这是一个根本的变化。他提出,在"全人类利益高于一切"的前提下,戈尔巴乔夫"是否继续称他们的指导思想为'马克思主义'也就无关紧要了,这已是一个在别样的社会里实行的别样的'马克思主义'。这个别样的社会则是我们大家都能认可的社会"。① 这一论断,发人深省!

决不能从人类存在共同利益就推论出"全人类利益高于一切",推论出"普世价值"。这种推论方法,实质上是垄断资产阶级设置的一个陷阱,即要求社会主义国家跟随他们后面行事,甚至改变自己的社会制度。

第二,不要把某一个阶级的价值观念的共性当作全人类的共同价值。

有人不赞成把西方的价值观说成是"普世价值",但认为另一种性质的"普世价值"是存在的。他们说,人类社会发展存在普遍规律,例如社会主义必然取代资本主

---

① 马特洛克:《苏联解体亲历记》,世界知识出版社,1996,第176页。

义,这是当前世界上任何民族发展的共同道路,这表明某些价值还是具有"普世性"的。他们把这叫作无产阶级的"普世价值"。

毫无疑问,提出这种观点,其愿望是好的,但在理论上是说不通的,因为这种观点把客观存在的发展规律的普遍意义混同于主观的价值观念的"普世性"了。普遍规律的存在是客观的,例如社会主义必然取代资本主义,这是由资本主义生产方式的固有的基本矛盾运动之发展趋势所客观地决定的,不以人们的意志为转移。但是,是否承认这一规律、是否按照这一规律去行动,则是另一回事。无产阶级认识到这一客观规律,根据这一规律的要求进行社会主义革命,而资产阶级则不承认这一规律,并利用一切手段阻挠这一规律的实现。在如何对待客观规律的问题上,两个阶级显然态度完全不一样,这里谈不上任何"普世性"。

就价值来说,"阶级性"与"普世性"是两个不相容的概念。有无产阶级的价值观、资产阶级价值观,但不可能有什么无产阶级的"普世价值"、资产阶级的"普世价值",因为价值的"普世性"意味着所有的人,不管是什么阶级、什么人群都赞成。"普世性"是排斥"阶级性"的,某一种价值观,一个阶级赞成,另一个阶级反对,那就不能说是"普世价值"。

第三,不要把自己或者大多数人认为应该具有的伦理道德观念宣布为"普世价值"。

有人不赞成政治领域存在"普世价值",但认为在伦理道德领域还是存在全人类的共同价值观念的,例如"忠""孝""仁""义"等,你总得赞成吧!这不证明有"普世价值"嘛!其实,他们在伦理道德方面寻找的"普世价值",实质上是自己认为,或者大多数人认为的,为了社会的正常运转应该遵守的道德观念。这些道德观念,首先,并不是所有的人都接受的,提倡"忠",但现实生活中还是有"奸",汉奸始终没有绝迹;提倡"孝",忤逆之人仍为数不少。提出"应然"之事,本身就意味着它不是所有的人都遵守、执行的,不是"实然"之事,只是希望、要求所有的人都遵守、执行,因而不能称之为"普世价值"。其次,不同阶级、不同社会对这些伦理道德观念有不同的理解,赋予不同的内涵。同样讲"忠",封建社会是指忠于皇帝,社会主义社会则是指忠于党、忠于人民,两者的性质显然是不一样的。世界上并不存在抽象的"忠"，现实生活中存在的都是具体的"忠"。其他伦理道德观念也应该做这样的分析。

现在有一种倾向，即把孔子宣扬的一些伦理道德观念称之为"普世"的，妄图把它作为我国社会发展的指导思想，甚至作为处理国际问题的依据。这是十分荒唐的。早在1939年的延安，党内讨论孔子的哲学思想时，毛泽东就提出，"关于孔子的道德论，应给以唯物论的观察，加以更多的批判，以便与国民党的道德观（国民党在这方面最喜引孔子）有原则的区别。例如'知仁勇'，孔子的知（理论）既是不根于客观事实的，是独断的，观念论的，则其见之仁勇（实践），也必是仁于统治者一阶级而不仁于大众的；勇于压迫人民，勇于守卫封建制度，而不勇于为人民服务的。"①毛泽东在这里提供了分析道德问题的方法论：对伦理道德观念，应该做具体的、阶级的分析，而不要限于抽象的议论。我认为，在讨论所谓"普世价值"问题时，也应该运用这种方法论原则。

---

① 《毛泽东文集》第二卷，人民出版社，1993，第162～163页。

国内外敌对势力鼓吹"普世价值"的目的,是想改变我国社会发展的方向道路

我们再从实践的角度来分析一下"普世价值"的实质。

既然客观上并不存在什么"普世价值",也就是说,没有一种价值观念具有普遍适用性、永恒性,那么为什么总有一些人使劲鼓吹"普世价值"呢?如果抛开一些华丽的辞藻,看一看他们所说的"普世价值"的内容,我们就可以看到,某些人使劲鼓吹"普世价值",并不是在讨论什么学术问题,而是有着鲜明的政治目的。正因为这样,鼓吹"普世价值"的人从来不从学术上论证究竟有没有"普世价值"以及他们所说的"普世价值"为什么具有"普世性",而总是把它当作既定的公理强加于人。他们实际上是设一个套,诱惑不明真相的人往里面钻:他们先把某些表面上是抽象的、实际上反映了一定阶级利益的特定的价值观念说成是"普世"的,如果人们相信了、接受了这种价值的"普世"性,那就自然而然地跟着他们走,去实行这种"普世价值"了。

在国内,敌对势力鼓吹"普世价值"是为推翻社会主义制度制造舆论的。

改革开放以来，一直有一股势力，想把我国引向资本主义道路，意识形态领域始终存在着四项基本原则同资产阶级自由化的尖锐斗争。这种斗争是不可避免的。从国际范围来说，由于我国的改革和社会主义建设是在帝国主义包围下进行的，无论在经济上、科技上、政治上、军事上，还是在意识形态上，资本主义都占着优势，国际垄断资产阶级正是凭借着这种优势，向我国推行西化、分化的战略，力图使我国发生类似苏联东欧国家那样的和平演变。在对外开放的条件下，这种战略不能不对国内的意识形态产生影响，有的人就会自觉不自觉地按照西方的音乐来跳舞。这是我国资产阶级自由化思潮得以产生的外部条件。就国内环境来说，经过几十年的改革开放，在所有制格局方面，已经形成了以公有制为主体、多种经济成分共同发展的基本经济制度，这是符合社会主义初级阶段生产力水平和发展需要的，必须长期坚持。但是，随着非公有制经济，尤其是私营经济的发展，已经具有相当大经济实力的资本家必然会提出自己的政治诉求，形成自己的思想理论，也就是说，资本主义在各个领域的滋长和蔓延具备一定的土壤。在这种国际国内的环境下，意识形态领域中坚持四项基本原则同资产阶级自由化的斗争将长期存在，邓小平估计，直到我国实现四个现代化之前这种斗争都不会停息。搞资产阶级自由化的人，手法可以不断变化，可以宣传新自由主义，也可以宣传民主社会主义，也可以宣传宪政民主、公民社会，最近又冒出个"普世价值"，但万变不离其宗，其矛头都是指向四项基本原则，核心都是否定四项基本原则。这种斗争的实质是坚持中国特色社会主义还是资本主义化的原则问题。

鼓吹"普世价值"的人，把英美等发达资本主义国家的民主、自由、平等、人权等封为"普世价值"，然后用这个标准来衡量中国特色社会主义的实践，指责这个不行、那个不行，最后要求按照资本主义的标准改造中国，把中国特色社会主义改造成资本主义。他们把西方发达资本主义国家里的政党轮流执政制度当作"普世"的、唯一的民主制度，攻击中国共产党领导下的多党合作政治协商的制度，说这是"另搞一套"，要求照搬西方的政治制度，放弃共产党的领导，实行多党制；他们竭力歪曲和攻击无产阶级专政，把它同民主对立起来，否定《中华人民共和国宪法》,鼓吹西方的甚至中国台湾的所谓的"宪政"制度;他们宣传人的本性是自私的,因而私有制是最合理的、永恒的,宣布私有产权是"社会经济发展必不可少的",是"普世"的、最好的制度,进而要求在经济上实行私有化;他们把资产阶的民主、自由、平等、博爱宣布为人类共同的核心价值,要求放弃以马克思主义为指导的社会主义核心价值体系。如此等等,矛头所向,十分清楚。最可笑的是,他们居然把在共产党领导下发挥社会主义制度优越性取得的汶川抗震救灾的伟大胜利,无中生有地说成是实施"普世价值"的结果,宣布中国走到了拐点,要放弃中国特色社会主义,拐到西方的"主流"社会去。这哪里是讨论学术问题,分明是赤裸裸地要求彻底的资本主义化。

眼前就有一个典型的例子。2008年12月一些海外民运分子以及国内的资产阶级自由化分子,公开反对共产党的领导和人民民主专政,主张实行西方国家那样的"宪政",建立"中华联邦共和国"。这是敌对势力颠覆我国政权的行动纲领。他们把"普世价值"作为理论基础,宣布:"自由、平等、人权是人类共同的普世价值","自由是普世价值的核心之所在",人权是"每个人与生俱来就享有的权利",每个人的"人格、尊严、自由都是平等的",民主是每个人最基本的人权,宪政就是"保障公民的基本自由和权利的原则",等等。他们的全部"基本主张"都是按照这些"普世价值"设计的,清楚地表明了"普世价值"的功用。

毛泽东曾经说过,凡是要推翻一个政权,总是要先制造舆论,做意识形态工作,革命的阶级是这样,反革命阶级也是这样。敌对势力之所以炮制"普世价值"以及对此大肆宣传,其目的,简而言之,就是为颠覆我国政权制造舆论。

当前意识形态领域尖锐斗争的现实揭示了"普世价值"的阶级本质,它证实了我们党的这样一个论断:我们同各种敌对势力在意识形态领域的斗争,本质上是社会主义价值体系和资本主义价值体系的较量。某些人鼓吹的"普世价值"就是资本主义价值体系,只是换一个标签、换一种说法而已。我们必须大力宣传社会主义核心价值体系,让社会主义核心价值体系占领意识形态阵地。如果听任"普世价值"这一类资本主义价值观念泛滥,势必搞乱了人们的思想，最终是为敌对势力张目。在这个问题上必须保持清醒的头脑。

在世界范围内，"普世价值"是美国推行世界霸权的有力工具。

有一位领导同志旗帜鲜明地指出，所谓"普世价值"就是美国的价值，美国想用他们的价值观改造世界。真是一语中的！美国政府正是把他们的民主说成是唯一正确的、"普世"的价值，从而要求世界各国(尤其是社会主义国家)都照此办理，以便达到美国独霸世界、和平演变社会主义的目的。大量事实证明，美国正在打着民主、自由、人权等旗号，在全世界到处推广美国的价值观念，把所谓"持不同政见者"组织起来，通过街头政治的办法，推翻不符合美国意愿和利益的政府，以便实现美国的世界霸权。"普世价值"的功用就在于此。苏联东欧国家的演变过程证明了这一点，进入21世纪，一系列国家爆发的颜色革命又是一个例证。格鲁吉亚的玫瑰色革命、乌克兰的橙色革命、吉尔吉斯斯坦的黄色革命，无一不是在"民主"的旗号下，由美国背后操纵，由反对派出面，通过和平的方式实现的。这些颜色革命实际上是美国谋求世界霸权的棋盘上布下的一粒粒棋子,它们都服务于美国的利益。这就是"普世价值"在国际范围内的实际运用。

应该看到,在苏东剧变以后,以美国为首的西方国家把和平演变的重点放在中国,其中一个重要手法就是在我国宣传和推行美国的价值观念,进而按照这种价值观念改变我国的社会主义制度。国内那些把美国的价值观念当作"普世价值",并使劲加以鼓吹的人,正好适应了西方垄断资产阶级对我国推行和平演变战略的需要。

九　抽象人性论是历史虚无主义的方法论基础

马克思恩格斯在《共产党宣言》里指出,自原始社会瓦解以后,"至今一切社会的历史都是阶级斗争的历史"。[①] 因此,阶级观点和阶级分析方法,是马克思主义考察、研究社会历史问题的一种最基本的分析方法,阶级分析方法,不是任何人强加给历史的主观臆测,阶级和阶级斗争在历史上是客观存在的,历史研究对象本身客观上需要我们从阶级对立和阶级斗争的角度观察和分析纷繁复杂的社会历史现象,把握具体的阶级关系及其变化发展的历史规律,才能如实、客观地反映历史的真实面貌。

改革开放以来历史学界出现了一股历史虚无主义思潮。一些历史学家完全否定劳动人民反抗统治阶级斗争的历史,尤其反对中国人民在共产党领导下进行的反帝反封建的新民主主义革命斗争以及社会主义革命和建设的历史。有人要求重新评价历史,提出否定革命、告别革

---

① 《马克思恩格斯选集》第一卷,人民出版社,1995,第 272 页。

命的口号。他们指责中国选择革命的方式实现社会变革,造成了"令人叹息的百年疯狂与幼稚",中国近百年的历史"变成了一部不断杀人、轮回地杀人的历史",革命只是一种"能量的消耗",是一种单纯破坏的力量,没有任何建设性的意义。于是,革命不如改良、改良不如保守的说法甚嚣尘上,所有的革命者都遭到攻击和诬蔑。

历史虚无主义的核心是否定新中国成立以来所取得的成就,对新中国成立以来我们党所做的一切工作,包括土改、抗美援朝、知识分子思想改造、计划经济体制、经济建设、政治制度等一一加以攻击,提出"从 1949 年以后都是错误","要树立这样一个绝对纬度,1949 年是一种堕落","1949 年之后,是不正当的,不自然正确的,是荒唐的",因此,要"删除 1949,恢复 1911,要从一个根本尺度上抹掉"。他们得出结论:新中国成立以来走的道路错了,"以俄为师",共产党"完全按照苏联斯大林模式,建立经济上垄断、政治上专制、意识形态上舆论一律的制度"。批判的矛头直接指向我们所建立的社会主义制度,进而要求"以英美为师","回到人类文明的正道",实行西方的资本主义制度。这就是历史虚无主义的实质。

他们的说法不大一样，但在方法论上却惊人地相似：都是反对阶级分析方法，主张抽象的人性论。他们把阶级分析歪曲为"单一的恶霸地主模式"，认为以阶级立场和阶级感情进行人物分析是"误读、误解、误导"，而"人性化"研究思路即"将所有历史人物都还原为'人'的研究立场和态度"却备受青睐，有的甚至提出需要从人性论的角度对革命的历史来一次"颠覆性的拨乱反正"。

这些人是用抽象的人性来解释历史的，他们把社会历史发展的根本动力归结为实现人的价值，衡量一个社会制度进步的根本标准就是看它是否合乎人性，整个历史过程可以归结为人性的失落与复归。抽象人性论显然不能透过纷繁复杂的历史表象，正确说明社会发展的客观规律。在阶级社会里，尤其是在阶级对立的情况下，是非、善恶不是抽象的，而是具体的。在封建统治者看来，农民起义的领袖是"土匪""强盗"，农民起义是"大逆不道""犯上作乱"，因而是"恶"，是不符合"人性"的；而在被统治阶级看来，农民起义则是对黑暗社会的反抗，是推动历史进步的，因而是"善"。所以，在阶级社会里，"是非"和"善恶"是具体的，不能从超阶级的"人性"角度来区别是非善恶之间的界限。在社会历史观上，以抽象的所谓"人性"作为评价社会历史发展和是非的标准，不可避免地陷入唯心史观的泥潭。而且抽象的"人性"究竟是什么，他们既说不清楚、也不想说清楚，于是解释历史就有了随意性：自定一个标准，然后随意判断历史现象的是非对错。不过对他们来说，有一条是清楚的：凡是共产党领导的革命和建设，都不符合"人性"，都是错的。这就是事情的本质。

在对历史人物的评价上，马克思主义与历史虚无主义的实质性区别并不在于要不要对人性进行分析，而是在于怎样看待人性问题、从什么样的人性出发进行分析，究竟是从抽象的人性出发还是从具体的人性出发。马克思主义在分析历史人物时，并没有完全否定一切人性，只是反对那种纯自然的、抽象的、超阶级的人性，反对把抽象的人作为历史研究的基础。不可否认，任何一位历史人物都有他自己丰富而细腻的感情、个性，我们过去在研究中对此注意不够，给人感觉似乎千人一面，正面人物"高、大、全"，反面人物则是反动透顶、十恶不赦，只有阶级性而缺乏鲜明个性的历史人物当然是不完整的，甚至是扭曲的。史学研究者通过对历史人物的爱、恨、情、仇等丰富情感的描写,有助于纠正历史人物的脸谱化现象,使读者更深入、全面地了解和认识历史人物的独特个性和内心世界。但是在阶级社会中,个人总是隶属于一定的阶级,都是一定阶级关系和利益的承担者,人性或个性的形成以及人们对这种本性的认识,向来都是历史的产物。在一定社会关系基础上形成的人性,是受具体的阶级关系所制约和决定的,不同时代、不同阶级都有不同的具体内容和表现。正如列宁所指出:"没有一个活着的人能够不站到这个或那个阶级方面来(既然他已经了解它们的相互关系),能够不为这个或那个阶级的胜利而高兴,为其失败而悲伤,能够不对于敌视这个阶级的人和散布落后观点来妨碍这个阶级发展的人表示愤怒"。[①] 因而,我们在分析具体的历史人物时,最基本的要求就是把历史上的人作为"集体"中的一员、"阶级"中的一员,把他放在一定的社会关系中揭示具体人性。

用抽象的人性否定人的阶级性和社会性,这是历史

---

① 《列宁选集》第一卷,人民出版社,1995,第135页。

虚无主义在分析历史人物时所表现出来的一个通病。一些人为某些历史人物做"翻案"文章,研究的出发点是为历史人物"还原真面目",可是得出的研究结论却大相径庭。司徒雷登的重新评价问题,则是人性分析导致虚无主义的一个典型个案。一些人提出"司徒雷登到底是一个什么样的人",由于阶级分析"抹杀了人性"、"篡改了历史",掩盖了历史人物的真相。他们认为司徒雷登"是中国人民的朋友",因为他是一位"谦卑而善良的基督徒"、"正直而勇敢的公民",担任燕京大学校长期间"把燕京大学打造成中国一流大学,倡导学术自由,培养了大批优秀的中国知识分子,并留下了如今北京大学所在的美丽校园"。司徒雷登这些个人私德和修养固然无可厚非,甚至值得钦佩,但是如果凭此从中推断出他是"中国人民的朋友",则未免过于武断、简单化。正如前文所述,唯物史观要求研究历史人物要紧紧抓住阶级划分这个客观事实,社会政治生活中的历史个人,考察他们属于哪个阶级、阶层、社会集团,他们在当时社会中所处的经济状况、社会地位及其政治态度,如果离开人的阶级属性,这个人的一切重要言行都无法得到客观的解释。研究司徒雷登这位曾经扮演过重要角色的历史人物,首先必须把他置于当时具体的经济、政治等重要的社会关系之中。司徒雷登的身份不仅曾经担任过燕京大学的校长,他在中国现代史上更为重要的一个身份则是美国当时的驻华大使,协助马歇尔处理国共关系。无论司徒雷登自己是否自觉或不自觉地意识到,他的这种特殊的政治身份以及所处的社会关系,从根本上决定了他必然要忠实地代表美国的国家利益、履行美国政府的对华政策,不可避免地要用美国统治阶级的意识形态和价值观来观察和对待中国人民革命。美国政府的最大利益就是阻挠中国人民为争取民族独立和解放的人民革命战争,维护鸦片战争以来在华所攫取的一系列利益,具体来说就是支持其代理人蒋介石政权发动全面内战,"美国出钱出枪蒋介石出人替美国人打仗杀中国人的战争"。司徒雷登于 1946 年任美国驻华大使,1949 年 8 月离开中国,在此期间他正是美国政府积极支持国民党政府进行反共内战这一侵略政策的在华最主要的代表者和执行者。可见,如果背离了唯物史观的指导,离开当时具体的历史条件而抽象地挖掘司徒雷登的"人性",那么中国人民反抗美国帝国主义及其代理人国民党反动派的这段革命斗争的客观历史就要被颠覆和改写。

对蒋介石的评价也是这样。有人批评说,对蒋介石的评价带有很大的主观随意性,比如抗战时期称蒋介石为"民族领袖""最高统帅",内战时期又把他称为"人民公敌","背离蒋介石的实际,造成其本相的迷失"。① 这种看法是对阶级分析方法的误解,因为在方法论上混淆了两个不同层次的问题。首先,对历史现象的阶级分析,不是依据个人或政党的主观意志,而是以这个阶级在生产关系中所处的地位作为划分标准。在历史研究中把握阶级划分的事实,就是首先要研究在历史运动中活动的人们,是属于哪个阶级、阶层或社会集团,他们在当时社会中的经济状况、社会地位以及政治态度如何,并以此为切入点进一步分析社会各阶级的关系,当时历史运动的方向,分清对历史发展起推动或阻碍作用的社会力量。因此,阶级分析最根本的就是从一定的经济关系出发去认识特定阶级的立场、政治态度以及历史行为,从实际的阶级关系出发是客观的而不带有任何的主观偏见。当

---

① 杨天石:《〈找寻真实的蒋介石〉自序》,山西人民出版社,2008,第1页。

然,阶级分析并非一成不变的,如果阶级的经济状况发生了改变,那么阶级关系等一系列问题也会相应发生变化。蒋介石政权从阶级性说,无疑是代表大地主大资产阶级利益的政权,这是由这个政权的经济基础决定的,以四大家族为代表的官僚资本主义是这个政权的最主要的支柱。蒋介石的本质在他统治中国大陆20多年的时间里是没有丝毫变化的,这种阶级地位决定了官僚买办资产阶级与广大人民群众的阶级矛盾成为近代中国的主要社会矛盾之一。但是,这种阶级矛盾并非一成不变,而是可能根据客观环境的变化而相应发生改变的。抗战时期民族矛盾上升为主要矛盾,已经危及以蒋介石为代表的大地主大资产阶级的切身利益,在这种情况下他对日本帝国主义的侵略进行过一定的抵抗,也发挥了积极的作用。这一时期,我们党肯定蒋介石集团,是因为它所采取的抵抗政策在一定程度与广大人民利益相一致、与中华民族利益相一致。尽管这一时期蒋介石在抗日的态度上发生变化,但是他作为大地主大资产阶级政治代表这个阶级本质并没有根本改变,特别是抗战进入相持阶段,其反共反人民的阶级性更加露骨地暴露出来,为了压制人民民主力量的壮大,国民党顽固派制造了三次反共高潮和一系列反共摩擦,破坏抗日民族统一战线。抗战胜利后又公然再次挑起了反共反人民的内战。因此,从一个长时段的历史,才能比较全面地看清其阶级本质。对蒋介石的阶级分析,并没有使这个历史人物变为模棱两可,而恰恰抓住了这个人物最本质的属性,如果不对蒋介石进行阶级分析,反而会把这个人物的真实面目搞得模糊不清了。

我们对历史事件、历史人物必须运用历史唯物主义进行分析(其中最主要的是进行阶级分析),这样才能够真实地反映历史的面貌。从抽象的人性出发来研究历史,必然歪曲历史的真相。历史虚无主义,除了政治观点外,从世界观来说,其错误就在于此。

这是一本集体著作。本书是由有林提议写作的,他提出了全书的基本观点。参加撰写的有:周新城(第1~8节),李方祥(第9节)。全书由有林统读、定稿。田心铭参加了审读、修改工作。

居安思危·世界社会主义小丛书
（已出书目）

编号	作者	书　名	审稿人
1	李慎明	忧患百姓忧患党 ——毛泽东关于党不变质思想探寻	侯惠勤
2	陈之骅	俄国十月社会主义革命	王正泉
3	毛相麟	古巴：本土的可行的社会主义	徐世澄
4	徐世澄	当代拉丁美洲的社会主义思潮与实践	毛相麟
5	姜　辉 于海青	西方世界中的社会主义思潮	徐崇温
6	何秉孟 李　千	新自由主义评析	王立强
7	周新城	民主社会主义评析	陈之骅
8	梁　柱	历史虚无主义评析	张树华
9	汪亭友	"普世价值"评析	周新城

编号	作者	书　名	审稿人
10	王正泉	戈尔巴乔夫与"人道的民主的社会主义"	陈之骅
11	王伟光	马克思主义与社会主义的历史命运	侯惠勤
12	李慎明	居安思危:苏共亡党的历史教训	课题组
13	李　捷	毛泽东对新中国的历史贡献	陈之骅
14	靳辉明 李瑞琴	《共产党宣言》与世界社会主义	陈之骅
15	李崇富	毛泽东与马克思主义中国化	樊建新
16	罗文东	中国特色社会主义理论与实践	姜　辉
17	吴恩远	苏联历史几个争论焦点真相	张树华
18	张树华 单　超	俄罗斯的私有化	周新城
19	谷源洋	越南社会主义定向革新	张加祥
20	朱继东	查韦斯的"21世纪社会主义"	徐世澄
21	卫建林	全球化与共产党	姜　辉
22	徐崇温	怎样认识民主社会主义	陈之骅

编号	作者	书　名	审稿人
23	王伟光	谈谈民主、国家、阶级和专政	姜　辉
24	刘国光	中国经济体制改革的方向问题	樊建新
25	有林 等	抽象的人性论剖析	李崇富
26	侯惠勤	中国道路和中国模式	李崇富
27	周新城	社会主义在探索中不断前进	陈之骅
28	顾玉兰	列宁帝国主义论及其当代价值	姜　辉
29	刘淑春	俄罗斯联邦共产党二十年	陈之骅
30	柴尚金	老挝:在革新中腾飞	陈定辉
31	迟方旭	建国后毛泽东对中国法治建设的创造性贡献	樊建新
32	李艳艳	西方文明东进战略与中国应对	于　沛

图书在版编目（CIP）数据

抽象的人性论剖析/有林等著.—北京：社会科学文献出版社，2015.1
（居安思危·世界社会主义小丛书）
ISBN 978 - 7 - 5097 - 6550 - 0

Ⅰ.①抽… Ⅱ.①有… Ⅲ.①人性论 - 研究 Ⅳ.①B82 - 061

中国版本图书馆 CIP 数据核字（2014）第 224900 号

居安思危·世界社会主义小丛书
抽象的人性论剖析

著　　者／有　林　等

出 版 人／谢寿光
项目统筹／祝得彬
责任编辑／陈　荻

出　　版／社会科学文献出版社·马克思主义理论编辑部（010）59367004
　　　　　地址：北京市北三环中路甲 29 号院华龙大厦　邮编：100029
　　　　　网址：www. ssap. com. cn
发　　行／市场营销中心（010）59367081　59367090
　　　　　读者服务中心（010）59367028
印　　装／北京季蜂印刷有限公司

规　　格／开　本：787mm×1092mm　1/32
　　　　　印　张：3.625　字　数：51 千字
版　　次／2015 年 1 月第 1 版　2015 年 1 月第 1 次印刷
书　　号／ISBN 978 - 7 - 5097 - 6550 - 0
定　　价／10.00 元